配电网工程施工监理

国网江苏省电力工程咨询有限公司　组编

中国电力出版社
CHINA ELECTRIC POWER PRESS

内 容 提 要

配电网是经济社会发展的重要公共基础设施，是能源互联网的重要基础，是提升供电服务水平的关键环节。为了规范现场施工监理、强化现场安全管控、补强配电网工程安全质量管理短板、全面提升城市配电网工程建设质量和规范化管理水平，国网江苏省电力工程咨询有限公司组织了在本领域具有丰富经验的专家集中交流、研讨，编写了本书。

本书内容包括通用部分、配电站所、配电变压器安装、架空配电线路及设备、电缆线路及设备五章。将配电网工程按照现场常见作业类别进行了划分，每个章节涵盖了工序划分、现场安全管理、现场施工质量管理、工程资料收集 4 个部分，并系统阐述了各作业类别施工监理过程管控要点。附录部分为配电网监理现场常用表格和资料收集、归档范围，供读者参考使用。

本书可供从事配电网工程施工监理的技术人员及管理人员使用。

图书在版编目（CIP）数据

配电网工程施工监理 / 国网江苏省电力工程咨询有限公司组编 .－－ 北京：中国电力出版社，2020.9
ISBN 978-7-5198-4858-3

Ⅰ . ①配 ... Ⅱ . ①国 ... Ⅲ . ①配电系统—电力工程—工程施工—施工监理 Ⅳ . ① TM727

中国版本图书馆 CIP 数据核字（2020）第 146198 号

出版发行：中国电力出版社
地　　址：北京市东城区北京站西街 19 号（邮政编码 100005）
网　　址：http://www.cepp.sgcc.com.cn
责任编辑：崔素媛（010-63412392）　马雪倩
责任校对：黄　蓓　马　宁
装帧设计：郝晓燕
责任印制：杨晓东

印　　刷：河北华商印刷有限公司
版　　次：2020 年 9 月第一版
印　　次：2020 年 9 月北京第一次印刷
开　　本：787 毫米 × 1092 毫米　16 开本
印　　张：11.5
字　　数：224 千字
定　　价：49.00 元

本书编委会

序

配电网是国民经济和社会发展的重要公共基础设施。党的十九大报告指出，我国社会主要矛盾已经转化为人民日益增长的美好生活需要和不平衡不充分的发展之间的矛盾。与人民日益增长的美好生活需要相比，电网发展不平衡、不充分依然突出，供电服务能力离社会要求和群众期盼还存在差距。

为提高供电服务水平、满足人民美好生活需要，国家电网有限公司以习近平总书记"四个革命、一个合作"的能源战略思想为指导，坚持人民电业为人民的企业宗旨，坚定不移贯彻发展理念，坚决打好三大攻坚战，大力保障和改善民生，加快建设一流现代化配电网，全面实施乡村电气化提升工程，提前一年完成"十三五"新一轮农网改造升级，全力打通用电"最后一公里"，人民群众逐步从"用上电"向"用好电"转变。

随着城区配电网和农村电网改造、建设力度的不断加大，配电网工程总量大单体小、点多面广、队伍杂、水平参差不齐等问题呈几何式增长。国网江苏省电力工程咨询有限公司作为江苏电网建设的中坚力量，积极参与城区与农村电网改造升级攻坚。在城乡配电网工程施工监理过程中，牢固树立安全、高质量发展理念，以"两确保、两提升"为目标，强化安全红线意识，严格现场质量管控，全面提高配电网工程现场安全质量管控水平，涌现了一批配电网"百佳工程"。

为进一步明确配电网工程施工监理管控要点，规范现场施工管理，国网江苏省电力工程咨询有限公司组织专家团队，从规范配电网工程施工监理出发，结合《国家电网有限公司10（20）kV及以下配电网工程项目管理规定》〔国网（运检2）921-2019〕、《国网设备部关于印发10（20）千伏及以下配电网工程业主、监理、施工项目部标准化管理手册的通知》（设备配电〔2019〕20号），总结提炼现场作业管控要点形成了本书。

在编写过程中，本书作者经过反复讨论、多次修改，确保文字准确、条理清晰，并且便于执行，能够切实指导配电网工程施工监理工作。希望配电网施工和监理人员通过学习运用本书，规范现场施工、监理工作流程，贯彻落实好两会"六稳""六保"工作部署，积极服务民生改善，牢固树立"四个最"的意识，全力做好电力工程安全管理，努力构建城乡统筹、安全可靠、经济高效、技术先进、环境优化与全面小康社会相适应的现代配电网。

国网江苏省电力工程咨询有限公司执行董事、总经理

许建明

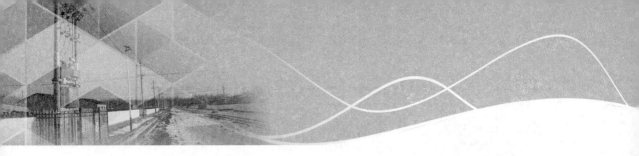

前　言

　　由于我国电网建设曾长期"重发轻供不管用"，配电网建设滞后，问题日积月累，配电网结构薄弱，供电能力不强，可靠性不高，一些地区"低电压""卡脖子"问题突出。"十三五"期间国家提出了配电网实施改造计划，随着配电网建设投入不断加大，配电网发展取得显著成效，但在配电网密集建设过程中"作业点多、面广、环境复杂、安全风险突出，管控难度较大"的问题集中爆发，给现场安全质量管理带来挑战。

　　国网江苏省电力工程咨询有限公司作为国内大型专业电力工程咨询企业，有多年从事配电网工程监理工作的丰富经验，已监理的项目几乎包含了所有目前常见的各类配电网工程。在总结现场监理工作的基础上，组织了具有丰富配电网施工监理经验的专家集中交流、研讨，编写了本书。

　　本书涵盖了当前配电网常见的配电站所、配电变压器安装、架空配电线路及设备、电缆线路及设备 4 种类型，根据工序划分、现场安全管理、现场施工质量管理、工程资料收集方面进行描述。其中现场安全管理包括工作票、方案落实情况、作业工序 3 个部分。现场施工质量管理按照工程类型，对具体工序作业展开描述。在工程资料收集方面，列出了主要施工报审和监理收集资料，并在附录中进行了详细说明。

　　本书在编写过程中，广泛听取了现场施工、监理人员以及专家的意见和建议，多次修改完善。由于水平所限，行文成书难免存在疏漏欠缺，不足之处恳请各位专家及广大读者批评指正。

编　者

2020 年 6 月

目　录

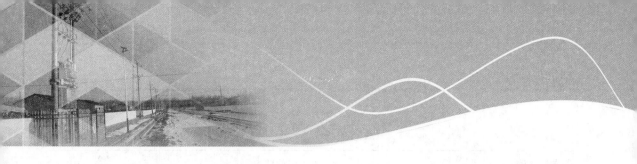

第一章　通用部分

第一节　监理项目部组建

一、组建原则

（1）监理单位应根据监理合同约定的服务内容、服务期限、工程特点、规模等，组建监理项目部，并将成立监理项目部的正式文件报建设管理单位备案（见附录1）。

（2）监理项目部应配置总监理工程师、安全监理工程师、专业监理工程师、监理员、造价员和信息资料员等岗位，不宜少于5人；至少配备总监理工程师、安全监理工程师各1人，安全监理工程师不得兼任其他岗位，监理员按工程数量和造价合理配置，造价员由公司统筹安排。

（3）总监理工程师需同时担任多个项目部总监理工程师时，应经建设管理单位书面同意，且最多不得超过三个项目部。

二、岗位职责

监理项目部岗位职责见表1-1。

表1-1　　　　　　　　　　　　　　监理项目部岗位职责

岗位名称	岗位职责
总监理工程师	（1）确定项目监理机构人员分工及其岗位职责。 （2）组织编制监理规划及实施细则，对监理人员进行监理规划交底和相关管理制度、标准、规程规范的培训。 （3）根据工程进展及监理工作情况调配监理人员，检查监理人员工作。 （4）组织召开监理例会，参加工程协调会。 （5）组织审核分包单位资质。 （6）组织审查项目管理实施规划和（专项）施工方案。 （7）审查开工、复工报审表，签发工程暂停令、复工令。 （8）组织检查施工单位现场质量、安全生产管理体系的建立及运行情况。 （9）组织审核施工单位的付款申请，参与竣工结算。

岗位名称	岗位职责
总监理工程师	（10）组织审查和处理工程变更。 （11）调解建设管理单位与施工单位的合同争议，处理工程索赔。 （12）组织验收隐蔽工程，组织审查工程质量检验资料。 （13）审查施工单位的竣工验收申请，组织竣工预验收，配合竣工验收。 （14）配合工程质量安全事故的调查和处理。 （15）组织编写监理月报、监理工作总结，组织整理监理文件资料
安全监理工程师	（1）在总监理工程师的领导下负责工程建设项目安全监理的日常工作。 （2）协助总监理工程师做好安全监理策划工作。 （3）参与编制监理规划及实施细则。 （4）审查施工单位、分包单位的资质，审查人员资格及持证情况。 （5）参加审查项目管理实施规划、三措一案和（专项）施工方案，督促施工项目部做好施工安全风险预控。 （6）参与工程施工方案的安全技术交底，监督检查安全技术措施的落实。 （7）参加工程例会和安全检查，督促并跟踪问题整改闭环。发现重大安全事故隐患及时制止并向总监理工程师报告。 （8）监督安全文明施工措施的落实。 （9）参加编写监理日志。 （10）负责做好监理项目部安全管理台账以及安全监理工作资料的收集和整理
专业监理工程师	（1）参与编制监理规划及实施细则。 （2）审查施工单位提交的涉及本专业的报审文件，并向总监理工程师报告。 （3）指导、检查监理员工作，定期向总监理工程师报告本专业监理工作实施情况。 （4）检查进场的设备材料质量。 （5）验收隐蔽工程，参与竣工预验收、竣工验收。 （6）处置发现的质量问题。 （7）进行工程计量。 （8）参与工程变更的审查和处理。 （9）组织编写监理日志，参与编写监理月报。 （10）收集、汇总、参与整理监理文件资料。 （11）配合安全监理工程师做好本专业的安全监理工作
监理员	（1）检查施工单位投入工程的人力状况，核查现场作业人员持证情况，检查主要现场施工机械、工器具的使用状况。 （2）参加见证取样工作。 （3）复核工程计量有关数据。 （4）检查工序施工结果。 （5）落实旁站监理工作要求。

岗位名称	岗位职责
监理员	（6）检查、监督工程现场的施工质量、安全状况及措施的落实情况，发现施工作业中的问题，及时指出并向专业监理工程师报告。 （7）做好相关监理记录
造价员	（1）严格执行国家、行业和企业标准，贯彻落实建设管理单位有关投资控制的要求。 （2）协助总监理工程师处理工程变更，根据规定报上级单位批准。 （3）协助总监理工程师审核工程进度款支付申请。 （4）参与审查施工项目部编制的结算资料。 （5）负责收集、整理投资控制的基础资料，并按要求归档
信息资料员	（1）负责对工程各类文件资料进行收发登记。 （2）负责建立和保管监理项目部资料台账。 （3）负责工程监理资料的整理和移交工作。 （4）负责工程过程资料的收集、整理、分类

三、标准化配置

（1）监理项目部须有固定的办公场所及办公设施，具备人员集中办公的条件（可与业主项目部合署办公）。监理项目部应根据工程项目类别、规模、技术复杂程度、工程项目所在地的环境条件等，按照合同约定，配备满足监理工作需要的常规检测设备和工具。监理项目部基本设备配置情况见表 1-2。

表 1-2 监理项目部基本设备配置情况

序号	名称	配备说明	必配／选配
一		办公设备	
1	办公电脑		必配
2	打印机		必配
3	复印机	按实际需求配备	必配
4	传真机		选配
5	扫描仪		必配
6	手持终端		必配

续表

序号	名称	配备说明	必配/选配
二		常规检测设备和工具	
1	测厚仪	需要使用时，由公司统一调配	选配
2	混凝土强度回弹仪		选配
3	水准仪	现场配置，数量和型号应满足工程要求	必配
4	测距仪		必配
5	经纬仪		必配
6	游标卡尺		必配
7	力矩扳手		必配
8	接地电阻测量表		必配
9	钢卷尺（5m）		必配
10	皮卷尺（50m）		必配
11	建筑多功能检测尺		选配
12	望远镜		必配
13	泥浆比重计		必配
三	个人安全防护用品	按实际需求配备	必配
四	交通工具		必配
五	办公场所	（1）监理项目部应有固定独立的办公场所。 （2）办公室入口应设立项目部铭牌。 （3）办公室应规范整齐，设施齐全。 （4）上墙内容包括但不限于：监理项目部组织机构、岗位职责、"十不干"等	必配

（2）监理项目部应悬挂标识及各项规章制度，见表1-3。

表1-3　　　　　　　　监理项目部悬挂标识及各项规章制度

序号	监理项目部悬挂标识及各项规章制度
1	监理项目部铭牌
2	工程建设目标

序号	监理项目部悬挂标识及各项规章制度
3	监理人员职责（总监理工程师、专业监理工程师、监理员等）
4	座位岗位牌
5	人员组织机构配置图
6	安全管理网络图
7	质量管理网络图
8	应急救援组织体系图
9	进度计划表
10	生产现场作业"十不干"

注 监理项目部应悬挂标识和规章制度包含但不限于以上内容。

（3）监理项目部应悬挂部分标识、各项规章示例及要求，见表1-4。

表1-4　　　　　　　　监理项目部悬挂标识、各项规章制度示例及要求

序号	标识名称	参考规格（mm×mm）	单位	数量	材料工艺	备注	样板（参考）
1	监理项目部铭牌	400×600	块	1	薄框铝合金焗漆丝印	项目部办公室大门外侧悬挂业主项目部铭牌。铭牌应清晰、简洁，并有项目所属监理公司名称、监理项目部名称等	××××公司 ×× 配电网工程 **监理项目部**
2	人员配置图	1200×900	块	1	KT板	项目部人员组织架构图。组织架构应包括监理项目部各岗位名称、人员姓名、照片等	××××××××公司 配电网工程监理项目部人员配置
3	座位岗位牌	100×170	块	—	薄框铝合金焗漆丝印	数量按实际人数定置于办公座位	×××××××××××公司 照片　姓名：×××× 岗位：××××××××××

续表

序号	标识名称	参考规格（mm×mm）	单位	数量	材料工艺	备注	样板（参考）
4	职责及规章制度	600×900	块	—	KT板	包含项目部职责及各项目部所设岗位的岗位职责，各项规章制度及安全风险防控措施，所有图牌设置同一高度（1.5m）	—
5	进度计划表	2000×550	块	—	KT板	依据实际管辖项目进行设定	—

注 以上规格仅供参考，可根据实际情况进行调整。

（4）监理项目部应配置满足监理工作要求的法律、法规、规程规范，配置要求见表1-5。

表1-5　　　　　　　　监理项目部法律、法规、规程规范配置表

分类	序号	名称	文件号	备注
法律法规	1	《中华人民共和国电力法》	2019年修正版	
	2	《中华人民共和国建筑法》	2019年修正	
	3	《中华人民共和国消防法》	2019年	
	4	全国人民代表大会常务委员会关于修改《中华人民共和国安全生产法》的决定	主席令第13号	
国家现行标准及文件	1	《建设工程安全生产管理条例》	国务院令第393号	
	2	《电力安全事故应急处置和调查处理条例》	国务院令第599号	
	3	《建设工程质量管理条例》	2017年修订	
	4	《安全生产许可证条例》	2014年修订	
	5	《建设工程项目管理规范》	GB/T 50326	
	6	《建设工程监理规范》	GB/T 50319—2013	

分类	序号	名称	文件号	备注
国家现行标准及文件	7	《建设工程施工现场供用电安全规范》	GB 50194	
	8	《电气装置安装工程电气设备交接试验标准》	GB 50150	
	9	《电气装置安装工程电缆线路施工及验收规范》	GB 50168	
	10	《电气装置安装工程接地装置施工及验收规范》	GB 50169	
	11	《电气装置安装工程盘、柜及二次回路接线施工及验收规范》	GB 50171	
	12	《电气装置安装工程 低压电器施工及验收规范》	GB 50254	
	13	《电力建设工程监理规范》	DL/T 5434	
	14	《电气装置安装工程66kV及以下架空电力线路施工及验收规范》	GB 50173	
	15	《建筑电气工程施工质量验收规范》	GB 50303	
	16	《建筑施工高处作业安全技术规范》	JGJ 80—2016	
	17	《建筑工程冬期施工规程》	JGJ 104—2011	
	18	《回弹法检测混凝土强度技术规程》	JGJ/T 23—2011	
	19	《建筑地基处理技术规范》	JGJ 79—2012	
	20	《钢筋焊接及验收规程》	JGJ 18—2012	
	21	《建筑桩基检测技术规范（低应变反射波法测桩）》	JGJ 94—2008	
	22	《施工现场临时用电安全技术规范》	JGJ 46—2005	
	23	《普通混凝土用砂、石质量及检验方法标准》	JGJ 52—2006	
	24	《混凝土用水标准》	JGJ 63—2006	
	25	《建筑施工模板安全技术规范》	JGJ 162—2008	
	26	《建筑桩基技术规范》	JGJ 94—2008	
	27	《电力工程建设监理规范》	DL/T 5434—2012	
	28	《交流电气装置的过电压保护和绝缘配合》	DL/T 620—1997	
	29	《电力建设安全工作规程（电力线路）》	DL 5009.2—2013	
	30	《架空绝缘配电线路施工及验收规程》	DL/T 602—1996	

分类	序号	名称	文件号	备注
国家现行标准及文件	31	《架空配电线路带电安装及作业工具设备》	DL/T 858—2004	
	32	《跨越电力线路架线施工规程》	DL 5106—2017	
	33	《架空配电线路带电安装及作业工具设备》	DL/T 858—2004	
	34	《汽车起重机安全操作规程》	DL/T 5250—2010	
公司现行标准及文件	1	《配电网技术导则》	Q/GDW 10370—2016	
	2	《配电网施工检修工艺规范》	Q/GDW 10742—2016	
	3	《国家电网公司质量监督工作规定》	国网（安监/2）290—2014	
	4	《国家电网公司城乡配网建设与改造工程业主、监理、施工项目部安全管理工作规范（试行）》	安质二〔2017〕56 号	
	5	《国家电网公司配电网优质工程评选管理办法》	国网（运检/3）922—2018	
	6	《国网运检部关于加强配电网工程施工现场安全管控工作的通知》	运检三〔2017〕71 号	
	7	《国家电网公司电力安全工器具管理规定》	国网（安监/4）289—2014	
	8	《国家电网公司电力安全工作规程（电网建设部分）（试行）》	国家电网安质〔2016〕212 号	
	9	《国家电网有限公司关于开展配电网工程现场安全管理巩固提升行动的通知》	国家电网设备〔2019〕266 号	
	10	《国家电网有限公司十八项电网重大反事故措施（修订版）》	国家电网设备〔2018〕979 号	
	11	《国家电网公司电力建设起重机械安全监督管理办法》	国网（安监/3）482—2014	
	12	《国家电网有限公司关于10（20）千伏及以下配电网工程业主、监理、施工项目部标准化管理手册的通知》	设配配电〔2019〕20 号	
	13	《国家电网公司关于进一步加强农网工程项目档案管理的意见》	国家电网办〔2016〕1039 号	

续表

分类	序号	名称	文件号	备注
公司现行标准及文件	14	《国家电网有限公司 10（20）千伏及以下配电网工程项目管理规定》	（运检 2）921—2019	

注 1. 以上法律法规、制度和标准仅供参考，以现行制度标准为准。

2. 上述监理依据可根据实际情况配备纸质或电子版文件。

第二节　工程前期阶段

一、监理策划文件

1. 项目监理策划

（1）监理项目部成立后，监理单位对其进行合同及监理大纲交底，内容包括工程概况、监理范围、监理工作内容等。总监理工程师对监理人员进行交底，内容包括监理工作范围、监理人员职责、监理工作内容等。

（2）依据监理大纲、建设管理纲要等文件，策划工作管理流程，总监理工程师组织编制监理规划及实施细则（见附录 2），监理规划及实施细则应包含工程创优监理控制措施、标准工艺应用控制措施、质量旁站方案、安全监理工作方案相关内容。总监理工程师填写监理文件报审表（见附录 3），报业主项目部审批。根据工程实际及最新要求，及时滚动修编监理规划及实施细则。

（3）总监理工程师组织监理项目部人员对监理规划及实施细则等进行交底、培训，形成安全 / 质量活动记录（见附录 4）。

2. 施工图预检、会检

在收到业主项目部发放的施工图后，总监理工程师应及时组织施工图预检，汇总监理工程师、施工项目部预检意见，形成预检记录（见附录 5）。监理人员参加业主项目部组织的施工图会检，编写施工图会检纪要（见附录 6），监督相关工作的落实。

二、开工管理

工程开工前，监理项目部根据国家法律法规、规程规范、网省公司相关文件要求审查施工单位报送的文件，逐项核查开工条件，合格后签批开工报审表（见附录 7）。

1. 开工准备

（1）参加业主项目部组织的设计联络会，监督有关工作的落实。

（2）参加业主项目部组织的设计、安全技术交底工作。

（3）审核施工项目部报送的施工分包计划申请，报业主项目部审查。

（4）审核施工项目部报送的施工分包申请，报业主项目部审查。

（5）审核施工项目部报送的试验（检测）单位资质报审表。

（6）审核施工项目部编制的施工方案，报业主项目部审批。

（7）审核工程预付款报审表，报业主项目部审批。

（8）参与成立工程项目应急工作组。

（9）编制监理人员报审表（见附录8），报业主项目部审核。

（10）收集、整理开工相关报审资料。

2. 开工必备条件

（1）监理规划及实施细则已审批。

（2）项目管理实施规划、"三措一案"、（专项）施工方案等已审核并符合要求。

（3）施工单位资质已核查并符合要求［营业执照、建筑业企业资质证书、安全生产许可证、承装（修、试）电力设施许可证、中标通知书］。施工项目部各类人员的资格条件已审核并符合要求（施工项目部管理人员资格报审表、特殊工种/特殊作业人员报审表）。

（4）施工项目部报送的开工报审表经建设管理单位审批。

（5）施工项目部填报的主要施工机械/工器具/安全防护用品（用具）报审表已审核并符合要求。

（6）开工前期到场设备、原材料进货检验（开箱检验）、试验、见证取样等工作和施工项目部的报审文件已审核并符合要求。

（7）施工项目部报审的乙供材料供应商资质文件已审查并符合要求。

（8）试验单位资质报审已审查并符合要求。

（9）业主项目部提供施工图。

第三节　工程建设阶段

一、项目管理

项目管理主要包括进度计划管理、合同履约管理、建设协调管理、信息与档案管理等。

1. 进度计划管理

（1）监理项目部安排专人收集整理施工单位上报的周计划（日计划），制订监理工作计划表（见附录9）。施工计划有所调整的，监理项目部应及时调整工作计划。监理工作计划制订时，应确保监理巡视覆盖率。

（2）监理人员应按照监理工作计划表开展监理工作。监理人员到达现场后，复核施工计划上报准确率，并应将计划执行情况和监理情况向总监理工程师汇报。总监理工程师应安排专人收集整理信息，编制监理日志。

（3）总监理工程师应安排专人定期梳理和盘点监理工作计划。监理项目部发现施工单位瞒报、错报、漏报施工计划的，应及时下达监理指令，施工单位拒不整改的，应向建设单位反映，采取相应纠正措施。如需对工程投产时间进行变更，总监理工程师应组织审查变更工期的原因，报业主项目部审批。

2. 合同履约管理

（1）监督检查施工单位合同履约情况。

（2）合同发生争议时，总监理工程师负责调解或提出合同争议的处理意见。

（3）施工合同解除时，监理项目部应组织建设管理单位、施工单位按合同约定协商确定施工单位应得款项和合同解除后的有关事宜。

3. 建设协调管理

参加业主召开的工程例会，汇报监理工作情况，提出问题和建议，形成会议纪要及会议签到表（见附录10）。监理项目部应定期向业主项目部汇报当前监理工作开展情况，汇报监理过程中发现的问题及处理情况，提出问题处理建议。

4. 信息与档案管理

（1）档案资料管理。

1）编制工程监理月报（见附录11）和监理日志（见附录12）。

2）落实工程信息资料管理制度，做好文件的收发登记管理（见附录13）。

3）根据档案管理要求，及时完成工程监理资料的收集、整理、上报、移交工作，确保档案资料与工程进度同步。监理项目部应对施工单位报送的文件、资料的格式、内容进行审核，确保归档文件齐全、规范、有效。

4）监理项目部应结合国家电网有限公司档案管理要求，规范监理项目部资料、文件收集整理工作。单体项目文件材料须随工程建设管理进度同步收集整理，于投产验收后3个月内完成整理归档工作，综合性文件材料应在年度整体竣工验收后3个月内完成整理归档工作。

（2）影像资料管理。

1）及时拍摄在工程巡视、旁站、见证、验收等履责过程中反映施工安全质量过程控制的影像资料。

2）做好工程影像资料的收集、存档工作，按业主项目部要求及时提供相关资料。

二、安全管理

安全管理主要包括安全文明施工管理、分包安全管理、安全风险管理、安全检查管理和应急管理等。

1. 安全文明施工管理

监理项目部应关注现场安全文明施工管理，协助业主降低被用户投诉的可能，努力保持安全文明施工常态化。每月至少组织一次安全文明施工标准化抽查（可以与安全巡视、安全检查等活动合并进行），提出改进措施，对检查中发现的问题和安全隐患应立即督促施工单位整改，对短时间不能完全排除的问题和安全隐患应采取防范措施。安全文明施工标准化抽查应核查以下内容（包含但不限于）：

（1）参与工程建设人员是否挂牌上岗。

（2）项目通道及设备选址是否已取得规划等政府部门批复意见。

（3）施工单位是否落实专人负责政策处理情况。

（4）政处现场是否配备执法仪等取证设备。

（5）施工现场的开挖是否采用全封闭式围挡。

（6）现场是否使用工程告示牌。

（7）施工现场是否做到"工完、料尽、场地清"。

2. 分包安全管理

（1）审查工程分包情况，除土建施工外，原则上只允许劳务分包。

（2）审查分包人员资格条件，动态核查分包单位进场主要人员信息。

（3）开展工程项目分包管理专项检查，填写监理检查记录表（见附录 14）。

3. 安全风险管理

（1）根据工程特点、施工合同、工程设计文件等，开展工程风险分析，在《监理规划及实施细则》中明确风险和应急管理工作要求，提出保证安全的监理预控措施。

（2）对作业相对复杂、安全风险较大的施工现场进行现场安全旁站，填写旁站监理记录表（见附录 17）。安全旁站包括但不限于以下内容：

1）土建施工：脚手架搭设 / 拆除、深基坑、2 m 及以上的人工挖孔桩等。

2）杆塔施工：立杆吊装、组塔等。

3）架空线路施工：交叉跨越、近电作业、带电作业、存在感应电等。

4）电缆施工：电缆试验等。

5）配电变压器施工：变压器吊装及试验。

6）城市 / 集镇人口密集、环境复杂等施工狭窄地段。

（3）配电网工程风险等级划分。国家电网有限公司安监部关于印发《国家电网有限公司作业安全风险预警管控工作规范（试行）》等四项规范文件的通知中提到配电网工程风险等级划分，具体划分见表1-6。

表1-6　　　　　　　　　　　配电网工程风险等级划分

序号	所属专业	作业内容	风险因素	风险等级
1	配电跨越作业	10（20）kV跨越铁路、高速公路、交通要道、电力线路或邻近带电线路组立（拆除）杆塔、架设（拆除）导地线、光缆等作业	高处坠落、倒塌、物体打击、公路通行中断、铁路停运	四级
2	配电带电作业	10（20）kV带电立（撤）杆、高压电缆旁路等带电作业	触电、高处坠落、机械伤害、物体打击	三级
3		带负荷更换柱上开关、旁路作业、更换柱上变压器等复杂综合不停电作业	触电、高处坠落、机械伤害、物体打击	三级
4		带电断接引线、带电短接设备，10（20）kV新装（更换）跌落式开关、隔离开关、绝缘子等常规带电作业	触电、高处坠落、机械伤害、物体打击	三级
5	配电施工作业	邻近易燃、易爆物品或电缆沟、隧道等密闭空间动火作业	火灾、中毒、窒息	四级
6		开关站、配电室建设作业中，房屋横梁混凝土浇筑作业	高处坠落、塌方	三级
7		多回路电缆更换、抽出试验	触电	二级
8		搭设跨越架	高处坠落、物体打击	二级
9		安装电表箱、爬墙线	高处坠落、物体打击	二级
10		配电变压器停电搭火	高处坠落、物体打击	二级

4. 应急管理

参与成立项目现场应急工作组，参加相关应急培训、演练及救援工作。

三、质量管理

质量管理主要包括质量检查管理、设备材料质量管理、质量旁站管理、隐蔽工程管理、质量验收管理等。

1. 质量检查管理

（1）根据施工进展，开展现场的日常巡视检查，填写监理检查记录表，发现问题及时纠正。

（2）发现施工单位施工工艺采用不当、施工不当或施工存在质量问题等造成工程质量不合格的，应及时签发《监理通知单》（见附录15），督促施工项目部闭环整改。

（3）发生质量事件，现场监理人员应立即向总监理工程师报告。总监理工程师接到报告后，应立即向本单位负责人和业主项目部报告，并配合质量事件的调查、分析、处理。

（4）发现存在符合停工条件的重大质量隐患或行为时，应签发工程暂停令，并及时报告业主项目部，督促施工项目部停工整改。施工项目部拒不整改或者不停止施工的，应填写监理报告。发生如下情况，现场监理人员应将情况报总监理工程师，总监理工程师应下达《工程暂停令》（见附录16），并将情况抄报业主项目部。

1）建设单位要求暂停施工且工程需要暂停施工。

2）承包单位未经许可擅自施工，或拒绝项目监理机构管理。

3）未经安全资质审查的分包单位进入现场施工或施工项目部对分包队伍管理混乱。

4）作业人员未经安全教育及技术交底施工，特种作业人员无证上岗。

5）无方案或不按方案组织施工。

6）未按经批准的安全保证措施施工，或安全措施不落实。

7）安全文明施工混乱，危及施工安全。

8）施工人员擅自变更设计图纸或不按设计要求施工的。

9）隐蔽工程擅自隐蔽。

10）使用没有合格证明的材料或擅自替换、变更工程材料。

11）违反生产现场作业"十不干"要求。

在具备恢复施工条件时，监理项目部应审查施工项目部报送的《工程复工申请表》，满足要求经总监理工程师同意签署后继续施工。

（5）配合业主项目部开展各类质量检查活动，按要求组织自查，督促责任单位落实检查整改要求。

（6）检查、验收典型设计应用情况，及时纠偏。督促施工项目部开展工厂化预制、成套化配送、装配化施工、机械化作业等标准化工艺应用。

2. 设备材料质量管理

（1）甲供物资到货验收。甲供物资安装使用前，施工项目部应通知监理项目部履行到货验收和开箱手续。监理项目部应组织施工项目部对甲供设备和材料进行检查，重点检查物资外观质量、出厂技术文件、质量保证文件以及施工单位预防性试验记录。发现不合格物资时，配合业主项目部和物资管理部门进行更换，不合格的设备和材料不得在工程上使用。在监理日志中记录开箱情况。

（2）乙供材进场检验。工程开工前，施工项目部进场物资应按规定进行进场报验。监理项目部应依据规范、合同、图纸对进场实物进行验收和检验。建筑材料按《建筑工程检测试验技术管理规定》进行见证取样，送检测单位进行性能检测。主要材料报验、检测要求见表1-7，材料、设备进场报验、复试。

表1-7　　　　　　　　　　　材料、设备进场报验、复试

分类要求	材料、设备名称
土建材料进场复试	钢筋、水泥、砂、石、砖及砌块、混凝土外加剂、防水材料、保温隔热材料等
土建材料、设备合格证	灯具、配电箱、电线电缆、成品电缆沟盖板、商混（提供合格证、配合比、水泥复试报告等）、管桩合格证等
安装工程主要原材料合格证明文件	硬母线、软导线、金具合格证、支柱绝缘子、悬式绝缘子、钢材，铜排、灯具等合格证，电缆（含附录）、防火阻燃材料、构支架产品合格证明文件
原材料进场复试	砂、石、河水、混凝土外加剂、水泥、钢筋等
主要材料合格证明文件	地脚螺栓、插入角钢、接地模块、杆塔部件（含螺栓、垫片）、导线、地线、电缆、电缆中间及终端接头、商混（提供合格证、配合比、水泥复试报告）等

注　送检批次及试块试件制作可结合实际情况确定。

3. 质量旁站管理

（1）监理人员应对工程项目关键部位、关键工序进行旁站监理，并填写《旁站检查记录表》（见附录17）。监理旁站的作业工序及部位为：灌注桩混凝土浇筑、电缆井和电缆管沟混凝土浇筑、主设备预防性试验、电缆耐压试验、接地电阻值测量、钢管杆螺栓复紧、电缆终端和电缆中间接头制作等。

（2）监理项目部应结合施工方案合理设置旁站点。施工项目部开始相关作业前，应在旁站点24h前书面通知监理项目部实施旁站。监理人员按要求对相关工序和部位实施旁站，填写《旁站监理记录表》。

4. 隐蔽工程管理

（1）施工项目部应提前48h通知监理项目部，监理项目部在施工单位自检合格的基础上，组织隐蔽工程验收，监理项目部应派人到现场进行核查并对隐蔽部位拍摄数码照

片，经核查符合要求予以签字确认后，施工单位方可隐蔽并进入下一道工序。

（2）对已同意隐蔽的工程质量有疑问时，或发现施工单位私自隐蔽时，应重新对隐蔽工程进行检验。隐蔽工程包含但不限于：灌注桩钢筋笼制作、钢筋工程、混凝土浇筑、地基验槽、基础坑深尺寸、换填土分层压实、接地装置埋设、母排安装、底盘卡盘和拉盘安装、电缆终端及中间接头制作、直埋电缆隐蔽、电缆管预埋。

（3）隐蔽工程需按要求拍摄影像资料存档。

（4）对已同意覆盖的工程隐蔽部位质量有疑问的，或发现施工单位私自覆盖工程隐蔽部位的，应要求施工项目部进行重新检验。

5. 质量验收管理

（1）工期24h以下的配电网工程，监理验收宜以过程检查的方式进行。验收范围应覆盖主要设备和重要工序；工期24h以上的配电网工程，监理验收应采取过程检查和阶段性检查方式进行。监理巡视、旁站过程中积累的不可变记录（基础坑深、基础断面尺寸等）可作为验收依据，验收范围应覆盖所有设备和工序。

（2）在施工自验合格基础上组织验收，按现场实际情况记录验收数据，并参加业主项目部组织的工程竣工验收，做好相关验收记录（见附录18）。

（3）按照监理合同要求编制《监理质量评估报告》，工程竣工投运后向委托方提交《监理工作总结》（见附录19）。

四、造价管理

造价管理主要包括工程量管理、进度款管理、设计变更与现场签证管理等。

1. 工程量管理

（1）工程实施阶段，根据施工设计图纸、工程设计变更和经各方确认的现场签证单，配合业主项目部核对工程量，提供相关工程量文件。

（2）竣工结算阶段，配合业主单位审核确认工程量。

2. 进度款管理

（1）依据施工合同审核预付款，报业主项目部审批。

（2）审核进度款报审资料（当期的设计变更费用、工程量签证费用、预付款回扣金额），签字确认后报业主项目部审批。

3. 设计变更与现场签证管理

（1）负责审核设计变更与现场签证，落实设计变更与现场签证的实施，组织验收等。判断现场签证是否造成设计文件变化，如有，则应按照设计变更规定执行。对设计变更与现场签证工程量进行旁站实测，填写《设计变更联系单》（见附录20）。

（2）审查设计变更、现场签证的方案和费用预算，确认后报业主项目部审核。

（3）督促落实设计变更及现场签证，签署设计变更执行报验单和组织现场签证验收。

第四节　总结评价阶段

1. 工程结算

（1）报送工程监理费付款报审表（见附录 21），配合监理单位完成监理费用结算。

（2）工程投产后一周内，整理已审批的设计变更审批单、现场签证单、竣工图，就工程量增减提出监理意见，作为工程结算依据，报送业主项目部。

（3）配合完成工程审计、竣工决算等工作。

2. 监理工作总结

单个合同内工程全部投产后 20 日内，编制监理工作总结。总结内容包括工程概况、监理组织机构、监理人员和投入的监理设施、监理合同履行情况、监理工作成效、监理工作中发现的问题及处理情况等。

3. 综合评价

（1）接受并配合业主项目部开展对本监理单位的综合评价。

（2）配合、支撑业主项目部对施工单位、设计单位开展综合评价。

4. 工程创优

参加建设管理单位组织的优质工程创建工作。

第二章　配电站所

第一节　工序划分

配电站所工序划分见表 2-1。

表 2-1　　　　　　　　　　　配电站所工序划分表

序号	工序		质量			安全		
			W	H	S	W	H	S
1	工作票检查	签发、许可手续				√		
		人员核查				√		
		工作范围				√		
		安全措施					√	
		工作票交底				√		
2	方案落实情况检查	方案交底				√		
		施工机械、工具				√		
		作业过程				√		
3	设备基础	基础开挖	√					
		钢筋工程	√					
		模板制作		√				
		混凝土浇筑			√			√
		基础回填	√					
4	高、低压柜	设备安装	√					
		设备调试			√			√
		预防性试验			√			

续表

序号	工序		质量			安全		
			W	H	S	W	H	S
5	箱式变压器	变压器就位及附录安装	√					
		设备调试			√			√
		预防性试验			√			
6	环网柜	设备就位	√					
		预防性试验	√					
7	分支箱	设备就位	√					
		预防性试验	√					
8	电缆安装	电缆支架安装	√					
		电缆头制作			√			√
		预防性试验			√			
9	接地装置	主接地网		√				
		接地体		√				
10	工作票终结	施工区域人员撤离						
		接地线拆除						

注　W 为见证点；H 为停工待检点；S 为旁站点。

第二节　现场安全管理

一、工作票

1. 工作票制度

（1）以下情况可使用一张配电第一种工作票。

1）一条配电线路（含线路上的设备及其分支线，下同）或同一个电气连接部分的几条配电线路或同（联）杆塔架设、同沟（槽）敷设且同时停送电的几条配电线路。

2）不同配电线路经改造形成同一电气连接部分，且同时停送电者。

3）同一高压配电站、开关站内，全部停电或属于同一电压等级、同时停送电、工作中不会触及带电导体的几个电气连接部分上的工作。

4）配电变压器及与其连接的高低压配电线路、设备上同时停送电的工作。

5）同一天在几处同类型高压配电站、开关站、箱式变电站、柱上变压器等配电设备上依次进行的同类型停电工作。同一张工作票多点工作，工作票上的工作地点、线路名称、设备双重名称、工作任务、安全措施应填写完整。不同工作地点的工作应分栏填写。

（2）以下情况可使用一张配电第二种工作票。

1）同一电压等级、同类型、相同安全措施且依次进行的不同配电线路或不同工作地点上的不停电工作。

2）同一高压配电站、开关站内，在几个电气连接部分上依次进行的同类型不停电工作。

2. 工作票检查

（1）工作票应由工作票签发人审核，手工或电子签发后方可执行。工作许可人许可工作开始应通知工作负责人，通知方式有当面许可和电话许可两种。工作票由工作负责人填写，也可由工作票签发人填写。一张工作票中，工作票签发人、工作许可人和工作负责人三者不得为同一人。工作许可人中只有现场工作许可人（作为工作班成员之一，进行该工作任务所需现场操作及做安全措施者）可与工作负责人相互兼任；若相互兼任，应具备相应的资质，并履行相应的安全责任。工作如图 2-1 所示。

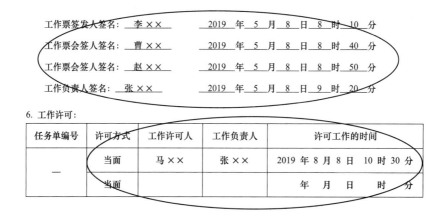

图 2-1　工作票签发人、负责人、许可人签字确认示例

注：1. 许可方式分为"当面许可""电话许可"两种方式。

2. 工作许可人可以兼任现场工作负责人。

（2）现场核查施工人员是否与工作票一致，如图 2-2 所示。

（3）现场核查施工区域是否在工作票工作范围内，严禁超出工作票工作范围施工，如图 2-3 所示。

国网▉▉供电公司配电第一种工作票

单位：××××输变电工程有限公司　　　　　　编号：配电室–I201711003

1. 工作负责人（监护人）：周×　　　　　　班组：综合班

2. 工作班大员（不包括工作负责人）

1 号任务单：夏×× 等 16 人；2 号任务单：马× 等 8 人；3 号任务单；耿×× 等 13 人 共

37 人。

图 2-2　工作票现场人员核对

3. 工作任务

工作地点及设备［注明变（配）电站、线路名称、设备双重名称及起止杆号］	工作内容
×× 变电站 10kV×× 1 号线 113 间隔至 10kV×× 1 号线 1 号环网柜 101 间隔电缆	1. ×× 变电站 10kV×× 1 号线 2 号、3 号、4 号环网柜 3 台。 2. ×× 变电站 10kV×× 1 号线 113 间隔至 10kV×× 1 号线 1 号环网柜 101 间隔电缆开断与新放电缆对接到 10kV×× 1 号线 2 号环网柜 101、103 间隔。 3. 10kV×× 12 号环网柜 102 间隔新放电缆至 10kV×× 1 号线 3 号环网柜 101 间隔。 4. 10kV×× 1 号线 3 号环网柜 102 间隔新放电缆至 10kV×× 14 号环网柜 101 间隔

图 2-3　作业范围

（4）配电变压器安装施工现场，应在工作地点四周装设围栏，其出入口要围至邻近道路旁边，并设有"从此进出！"标识牌。工作地点四周围栏上应悬挂适当数量的"止步，高压危险！"标识牌，如图 2-4 所示。

图 2-4　围挡标识

（5）设备接地开关操作，装设接地应由两人进行，其中一人为监护人。接地线均应使用绝缘棒并戴绝缘手套，人体不得碰触接地线或未接地的导线。装设的接地线应接触良好、连接可靠。装设接地线应首先接接地端，然后接导体端，如图2-5所示。

(a)　　　　　　　　　　　　　　　　(b)

(c)　　　　　　　　　　　　　　　　(d)

图2-5　先接接地端、后接导体端

（a）接地开关操作；（b）禁止合闸挂牌；（c）接地端接地；（d）设备端接地

（6）接地线挂设位置必须与工作票一致，如图2-6所示。

3. 安全措施（应改为检修状态的线路、设备名称，应断开的断路器（开关）、隔离开关（刀闸）、熔断器，应合上的接地开关，应装设的接地线、绝缘隔板、遮栏（围栏）和标识牌等，装设的接地线应明确具体位置，必要时可附页绘图说明）

调控或运维人员（受配电站、发电厂）应采取的安全措施	已执行
拉开 10kV××1 号线 113 断路器，并将 10kV××1 号线 113 断路器手车摇至"试验"位置	
合上 10kV××1 号线 1134 线路接地开关	
1. 在 10kV××1 号线 113 断路器及手车操作开关处，悬挂"禁止合闸，线路有人工作"标识牌。 2. 在 10kV××1 号线 113 断路器后柜门两侧设临时围栏，并面向工作地点设"止步，高压危险！"警示牌。 3. 在 10kV××1 号线 113 断路器后柜门临时围栏进出处设"从此进出""在此工作！"标识牌	
拉开 10kV××线 1 号环网柜 101 断路器	

图2-6　接地位置核对

（7）工作前，工作负责人对工作班成员进行工作任务、安全措施交底和危险点告知；工作班成员应熟悉工作内容、工作流程，掌握安全措施，明确工作中的危险点，并在工作票上履行交底签名（本人手签）确认手续，如图2-7所示。

8. 现场交底，工作班成员确认工作负责人布置的工作任务、人员分工、安全措施和注意事项并签名：

_____

_____

_____

_____

图 2-7　施工人员签名

（8）工作票终结。工作结束后，工作负责人应认真清理工作现场和人员，清点核实现场所挂的接地线（数量、编号）以及带到现场的个人保安线数量是否确已全部拆除，并准确填写已拆除的接地线编号、总组数及带到现场的个人保安线数量；确认工作班人员已全部撤离现场，材料工具已清理完毕，杆塔、设备上已无遗留物。工作终结报告应向所有的工作许可人报告（并录音），应由工作负责人和工作许可人在工作票上签字，报告时间为双方核定的签字时间。

二、方案落实情况

（1）监理项目部要检查施工方案交底是否完善，如图 2-8 所示。

"四措一案"安全交底记录

学习时间	
学习地点	
组织人	
学习人员确认签名	
学习内容	

图 2-8　方案全员交底签字

注：现场采用"四措一案"或者"三措一案"，根据当地供电系统要求执行。

（2）施工单位在施工过程中如果检查发现出无生产许可证、产品合格证、安全鉴定证及生产日期的安全工器具，应禁止使用。现场核查施工机械、安全工器具是否满足施工要求，如图 2-9 所示。

图 2-9　安全工器具核查

（3）施工单位在开工前检查施工概况牌、现场管理纪律牌、施工告知牌、"十不干"等标牌；安全工器具、施工材料等要有绝缘垫铺垫；现场配置安全急救箱，自带垃圾桶，做到"工完、料净、场地清"，如图 2-10 所示。

图 2-10　施工现场布置

三、作业工序

1. 设备基础基坑开挖

（1）开工前监理人员的检查工作：监理人员应熟悉设计图纸、核对施工图纸；监理人员应参加技术交底及定测交桩；监理人员应审查施工单位施工组织设计；监理人员应审查施工单位施工机械、设备、人员进场情况；监理人员应检查施工单位开工前的施工准备工作。

（2）现场施工区域必须有安全标志和维护设施，作业人员进入施工现场，必须正确佩戴安全防护用品。

（3）基坑开挖施工范围内严禁停放机械、堆土、堆料，不得有人员进入。

（4）配电设备基坑采用机械开挖，人工配合开挖清底的方法。采取挖土机械开挖基坑时，坑内不得有人作业；必须留人在坑内操作时，挖土机械应停止作业。

（5）开挖完成的基坑，没有及时施工，基坑周围必须设置安全警示标示牌及围好安全警示带。

（6）基础开挖应清除地基土上垃圾、泥土等杂物，雨季施工时应做好防水及排水措施，不得有积水。基坑一般宜采用人工分层分段均匀开挖，开挖时根据不同的土质适当放边坡。

2. 起重机械

（1）检查操作人员是否持证上岗，如图 2-11 所示。

图 2-11 持证上岗

（2）检查吊车保护接地，不得超负荷起吊物件，如图 2-12 所示。

(a)　　　　　　　　　　(b)

图 2-12 箱式变压器吊装作业

（a）吊车布置；（b）吊车起吊作业

（3）起重作业应由专人指挥，分工明确，吊车吊钩应装防脱装置，如图 2-13 所示。

图 2-13　吊车防脱装置

3. 箱式变电站吊装作业

（1）箱式变压器在装卸、就位的过程中，应设专人负责统一指挥，指挥人员发出指挥信号必须清晰、准确。

（2）起重机具装卸、就位时，起重机具的支撑腿必须稳固，受力均匀，吊钩应对准箱式变压器重心，起吊时必须试吊；起吊过程中，在吊臂及吊物下方严禁任何人员通过或逗留，吊起的设备不得在空中长时间停留。

（3）箱式变压器就位移动时不宜过快，应缓慢移动，不得发生碰撞及不应有严重的冲击和震荡。

（4）箱式变压器就位后，外壳干净不应有裂纹、破损等现象，各部件应齐全完好，所有的门可正常开启。

（5）箱体调校平稳后，与基础槽钢焊接牢固并做好防腐措施，用地脚螺栓固定的螺母应齐全，拧紧牢固。

（6）金属外壳箱式变压器及落地式配电箱，箱体应接地且有标识。悬挂标志、警示牌等参照设计图纸及上级单位验收相关标准及文件的要求设置。

4. 电缆敷设

（1）电缆敷设前，检查架设电缆轴的地面是否平实；支架是否采用有底平面的专用支架，不得用千斤顶等代替；敷设电缆是否按安全技术措施交底内容执行，设专人指挥。电缆盘固定如图 2-14 所示。

（2）利用原有通道电缆敷设前应事先检测通道内部是否有有毒气体。

（3）在隧道内敷设电缆时，临时照明的电压不得大于 36V。施工前应将地面进行清理，积水排净。

（4）竖直敷设电缆，必须有预防电缆失控下溜的安全措施。电缆放完后，应立即固定、卡牢。

图 2-14 电缆盘固定

5. 电缆头（中间接头制作）

（1）刀具使用时，锋利面的方向不得朝向面部、腿部以及身体其他部位，手部不得触摸刀刃，并保持与周围其他人员的安全间距。

（2）铜鼻子压接机使用时严禁将手指放入刀片与底座之间，铜鼻子压接机如使用临时电应按临时用电使用交底内容进行。

（3）电缆头制作时，需做好防电缆坠落措施。

（4）作业面的作业完成后自行进行清扫。

6. 电缆附件安装

安装人员应将施工场地用红色警示带圈好，以确保施工场地无闲杂人员进入，检查高空作业的架子是否扎牢固，避免发生安全事故。指定一名现场技术安全监督员，负责整个施工过程的安全工作。施工人员应严格按电缆附件安装相关安全要求施工，确保工程及人身安全。

7. 电缆预防性试验

试验负责人应由有经验的人员担任，开始试验前，试验负责人应对全体试验人员详细布置试验中的安全注意事项：

（1）试验装置的金属外壳应可靠接地，高压引线应尽量缩短，必要时用绝缘物支持牢固。

（2）直流耐压试验后，电缆线与线之间相当于一个电容器储存高压电，要放电保证人身安全以免被电击伤，如图 2-15 所示。

图 2-15 直流耐压放电

（3）路边作业需按照安规规定设置交通警示标志，工作班成员需穿反光衣，交通要道需设专人监护，指挥车辆行人通过，如图 2-16 所示。

图 2-16 现场围栏

8. 验电

验电应由两人进行，其中一人应为监护人。人体与被验电的线路、设备带电部位应保持足够的安全距离。进行高压验电应戴绝缘手套、穿绝缘鞋。验电器的伸缩式绝缘棒长度应拉足，验电时手应握在手柄处，不得超过护环，如图 2-17 所示。

图 2-17 验电作业

第三节 现场施工质量管理

一、设备基础

1. 设备基础开挖前监理检查要点

（1）工程施工前，监理工程师应会同建设、设计、承担单位赴现场核对设计文件，参加技术交底。监理工程师的工作内容：

1）熟悉设计文件，核对施工图纸。

2）了解现场地形、地貌、水文和地质条件。

3）掌握设计中采用的新技术、新材料及新工艺。

4）掌握设计标准及安装结构的质量要求。

（2）监理应审核并批准承包单位的施工组织设计方案，重点检查施工组织设计的合理性、可行性。

（3）审核承包单位的施工机械、设备、人员进场情况及施工准备工作。

（4）审核承包单位的开工报告，报建设单位审批。

2. 基坑开挖

（1）核实基坑开挖深度、宽度是否符合图纸设计要求。

（2）土方开挖完成后进行必要的底板夯实处理及底板整平，检查是否按图纸要求进行垫层浇筑。

（3）基坑开挖前，施工单位对建筑物平面的坐标位置和高度控制要有测量工程师认真进行测定并校核。

（4）施工单位的工程测量放线成果，必须经监理审核复验后，方可进行开挖。

（5）对施工区域内的障碍物要进行清除。

（6）开挖过程中应合理安排开挖顺序并按要求放坡。开挖过程中，对平面位置和水平标高、坡度要经常进行检查，基底要暂留100mm厚度保护层，以防扰动原土。

（7）实行边抄平、边人工清理挖出，挖土过程中避免超挖现象，如若超挖，应由设计、监理单位等各方协商拟定处理方案后方可进行处理，并要注意周边的排水工作。

（8）基础土方挖好后，应经设计单位、建设单位、监理单位共同验收合格后方可进行下道工序施工。

3. 钢筋工程

（1）钢筋进场时，应按相关标准的规定抽取试件检验，监理进行现场见证取样并送检，如图2-18所示。首先检查产品合格证、出厂检验报告单、每捆钢筋的标牌，使用前应随机见证取样送检，复检合格后方可使用。

图 2-18　现场取样

（2）核对设备基础钢筋规格、数量是否符合设计图纸要求，钢筋绑扎是否牢固，检查模板的接缝是否密实，安装是否牢固。外观检查，钢筋应平直，表面无损坏、裂纹、结疤、折叠和油污，钢筋表面允许有凸块，但不得超过横肋的最大高度，如图 2-19 所示。

图 2-19　现场钢筋检查

（3）检查钢筋堆放。钢筋宜堆放在仓库或棚内，当条件不具备时也可堆放在露天场地,但应选择地势较高、有一定排水坡度的地方堆放,距地面高度不小于200mm,备足雨布,下雨前,要及时覆盖雨布。钢筋加工允许偏差和检验方法见表2-2。

表2-2　　　　　　　　　　　　　钢筋加工允许偏差

项目	允许偏差（mm）
受力钢筋顺长度方向全长的净尺寸	±10
弯起钢筋的弯折位置	±20
箍筋的内净尺寸	±5

4. 模板制作

按照设计图纸进行现场验收,检查支模是否符合设计要求。模板工程的质量（包括制作安装）对于钢筋、混凝土结构与构件的外观平整和几何尺寸的准确以及结构的强度和刚度将起重要的作用。

（1）模板安装前的质量控制重点在于模板的质量和测量定位的控制。

（2）编制模板工程施工方案,要求施工单位根据本工程结构形式、荷载大小、施工设备和材料供应等条件,确保模板及支架具有足够的承载力、刚度和稳定性,能可靠地承受浇筑混凝土的质量、侧压力以及施工荷载。

（3）向施工班组进行技术交底,有关施工和操作人员应熟悉图纸,并要严格按照模板施工方案的顺序及安全措施执行。

（4）进入施工现场的模板及配件应按不同规格、型号分类堆放。模板应在安装前刷脱模剂,脱模剂要求涂刷均匀。模板应向监理工程师及时报验。

（5）安装现浇混凝土结构的上层模板及支架时,下层模板应具有承受上层负荷承载能力,或加设支架。上、下层支架的立柱要对准,并铺设垫板。

（6）在模板的接缝不应漏浆,在浇筑混凝土前,模板应浇水湿润,单模板内部应有积水。

（7）浇筑混凝土前,模板内的杂物应清理干净。

（8）对跨度不小于4m的现浇混凝土梁、板,其模板应按设计要求起拱,当设计无具体要求时,起拱高度为跨度的1/1000~3/1000。

（9）固定在模板上的预埋件、预留孔和预留洞不得遗漏,且应安装牢固。

5. 混凝土浇筑

（1）检查混凝土的强度等级、配合比是否符合设计要求,应在混凝土的浇筑地点制作用于检查结构构件混凝土强度的试块并对混凝土坍落度进行检查，如图 2-20 所示。

图 2-20　混凝土强度试块

（2）混凝土强度达到要求方可拆模。基础拆模后应对混凝土结构外观质量进行检查，外观质量应根据缺陷类型和缺陷程度进行分类，并做好相应处理措施。

6. 基础回填

（1）对回填土的土质按设计要求，经监理工程师验收方可填入。

（2）土方回填时，是否严格把好回填材料使用检验关，不含植物残体、垃圾等杂物。必须按规定分层夯压密实，确保回填土的密实度。

（3）清除基底垃圾，树根等杂物，并要验准基底标高。

（4）对基底土层要进行压实。

二、高、低压柜

1. 设备安装

（1）盘柜安装要求见表 2-3。

表 2-3　　　　　　　　　　　　　　盘柜安装要求

分项工程	控制内容	质量要求	检验方法
盘柜安装	设备及材料	型号、规格和性能参数应符合设计和合同要求	查验产品合格资料
	电气交接试验	符合规范要求	现场观察、检查，查验试验资料

续表

分项工程	控制内容	质量要求	检验方法
盘柜安装	整定试验、定值校验、系统调试	符合产品技术要求	查验试验资料
	仪表校验	符合设计及产品技术要求	查验试验资料
	通信	正常	现场观察、检查
	带电部分对地及相间距离	符合规范要求	现场观察、测量
	主母线、小母线	符合规范要求	现场观察、检查
	闭锁装置	齐全、可靠	现场观察、检查
	电气"五防"装置	齐全可靠	现场观察、检查
	接地	牢固、可靠	现场观察、检查
	外观	无变形及漆面受损	现场观察检查
		漆色符合设计色标要求	
		基础横钢防腐完好	
盘柜安装	柜体安装	垂直偏差小于 1.5mm	现场检查、测量
		柜顶高度差：相邻柜小于 2mm，成列柜小于 5mm	
		柜面偏差：相邻柜小于 1mm，成列柜小于 5mm	
		柜间接缝偏差小于 2mm	
		柜体固定牢固，柜间连接紧密	
		柜内安全隔板完整牢固，门锁齐全、开关灵活	
		辅助开关动作准确，接触可靠，柜底封堵严密	
	二次回路	符合《电气装置安装工程盘、柜及二次回路接线施工及验收规范》（GB 50171—2012）规范要求	现场观察、检查
		电流回路导线截面不小于 2.5mm	
		导线连接牢固可靠，多股软导线加套管	
		导线端部标识正确清晰	
	柜内照明及除湿装置	齐全可靠	现场观察、检查

1）盘、柜的固定及接地应可靠，盘、柜漆层应完好，清洁整齐。

2）盘、柜内所装电气元件应齐全完好，安装位置正确，固定牢固。

3）所有二次回路接线正确、连接可靠，标志齐全清晰，绝缘合格。

4）手车或抽屉式开关柜的推入或拉出应灵活，机械闭锁可靠、照明齐全。

5）柜内一次设备安装质量应符合国家现行有关标准规范的规定。

6）盘、柜及电缆管道安装完后，封堵良好。

7）操作及联动试验正确。

8）验收时应提交工程竣工图，变更设计文件，制造厂提供的产品说明书、调试试验方法、试验记录、合格证及安装图纸等技术文件，备品备件清单、安装技术记录、调试试验记录。

（2）设备操作。

1）环网单元外观检查合格无机械损伤，柜门能够正常开闭。

2）箱式变压器外观检查合格，无机械损伤等。欧式箱式变压器柜门、变压器室网门能够正常开闭，美式箱式变压器密封完好。

（3）气包检查。SF_6 负荷开关充气包外壳无裂缝，压力指示应在合格范围内。

（4）母线检查。

1）高、低压母线表面应光洁平整，不应有裂纹、折皱、夹杂物及变形和扭曲现象。

2）母线配制及安装架设应符合设计规定，且连接正确，螺栓紧固，接触可靠，相间及对地电气距离符合要求。

3）电缆进出孔和备用进出孔均应用环氧树脂挡板和防火堵泥封堵严实。

（5）二次回路及仪表检查。

1）二次回路连接正确牢固、可靠、规范，编号清晰。

2）开关柜电气联锁功能应满足要求。

3）仪器仪表外观完好，选型（主要是量程）符合要求，指示正常。

（6）电缆终端检查。

1）高、低压电缆终端连接、敷设应按要求进行，电缆终端规格符合设计要求，连接金具与电缆规格一致，压接可靠，并与高压柜内引出铜排严密搭接。

2）连接螺栓、螺帽和弹簧垫圈安装紧固不留空隙。

3）电缆终端接地线应为 $16\sim25mm^2$ 镀锡铜编织线，并用接线端子压接在柜内接地极。

4）10kV 电缆终端穿越电流互感器时不得碰触电流互感器内壁，电缆护套不得破损。

5）电缆不应严重变形、扭曲，交联聚乙烯电缆弯曲半径不得小于电缆外径 15 倍。

6）电缆通过零序电流互感器时，电缆金属护层和接地线应对地绝缘。电缆接地点在互感器以下时，接地线应直接接地；接地点在互感器以上时，接地线应穿过互感器接地，否则故障指示仪不起作用。

7）对于热缩电缆终端，金属或接地部分与电缆接触点不得超过电缆屏蔽层，否则易发生感应放电。

（7）电容器检查。

1）外观完好，无破损、裂痕、变形等缺陷。

2）总容量与铭牌标示相符，并符合设计要求。

3）人工投切和自动投切运行正常、可靠。

4）无异味、异响和过热现象。

（8）高低压柜检查。

1）高、低压设备应排列工整，无损坏及变形，高低压开关、隔离开关外观检查无异常。

2）SF$_6$负荷开关充气包及真空开关灭弧室无破损，少油开关油位正常，各种仪表指示尤其SF$_6$气压表应在正常位置气压，不得低于0.02MPa。

3）柜体接地应牢固，接地铜排应满足设计要求。

4）母线表面应光洁平整，不应有裂纹、折皱、夹杂物及变形和扭曲现象，母线配制及安装架设应符合设计规定，且连接正确，螺栓紧固，接触可靠。

5）相间及对地电气距离符合要求。

6）柜内电缆进出孔和备用进出孔均应用环氧树脂挡板和防火堵泥封堵严实。

7）室内相间、相地固定距离不得小于125mm。

（9）电缆铭牌检查。

1）进、出线电缆标示牌、标志桩齐全。

2）准确反映电缆去向、规格、长度等相关资料，并且与断路器名称标注的信息一致。

（10）机构检查。

1）操作工器具和安全工器具齐全。

2）各种指示灯、仪表指示正常。

（11）熔断器检查。各类熔断器规格、额定电流应符合设计要求，安装方向应正确。

（12）开关整定。400V智能式开关整定值应符合设计和运行要求，失压脱扣装置应拆除。

（13）外部环境验收。开关站及配电站设备与周围的树木、建筑物等必须保持足够的安全距离，没有影响操作和检修的障碍物。

2. 设备调试

（1）机械调试。

1）对手操部件和抽屉进行调试，每个机构都能保证灵活操作、质量可靠，抽屉再检验时要特别注意，连接与断开位置是否可靠尤为重要。

2）高低压柜抽出式断路器的工作、试验、隔离三个位置的定位明显，抽拉无卡阻，机械连锁可靠。

3）高低压断路器、隔离开关外观检查无异常，所有断路器、联锁机构均能正常操作，绝缘器件无裂缝。

（2）电气调试。

1）电气调试主要包括电气操作试验、联锁功能试验和绝缘电阻测试。

2）电气操作试验：在安装和接线都正确的前提下，按电气原理图进行模拟动作试验，即通电试验。通电试验主要包括：断路器合、分闸是否正常；按钮操作及相关的指示灯是否正常；手动投切是否正常。

3）联锁功能试验：通电检查操动机构与门的联锁、抽屉与门的联锁。在合闸（通电）情况下，门是打不开的，只有分闸以后，才可以开门。双电源间的机械或电气联锁在正常电源正常供电时，备用电源的断路器不能合闸；在主电源切断时，备用电源自动完成互投。

4）绝缘电阻测试：为确保操作人员、柜体、柜内器件的安全，绝缘电阻测试是必不可少的。绝缘测试包括开关柜的主开关在断开位置时，同极的进线和出线之间；主开关闭合时，不同极的带电部件之间，主电路和控制电路之间，各带电元件与柜体金属框架之间，绝缘电阻测试时间要达到1min，测试电阻必须达到0.5MΩ。

3. 预防性试验

相关试验主要包括：

（1）变压器试验。

（2）高压进线柜试验、出线柜试验。

（3）真空断路器试验。

（4）交流低压抽出式开关柜试验。

（5）低压电容柜试验。

（6）低压无功功率补偿装置试验。

（7）联络柜试验。

（8）避雷器试验。

（9）接地电阻试验。

（10）电流互感器试验、电压互感器试验。

（11）继电保护试验。

三、箱式变压器

1. 变压器就位及附件安装

变压器安装要求如下：

（1）变压器安装时，要求土建墙面顶喷浆完毕，屋面无漏水，门窗及玻璃安装完毕，室内粗制地面工程结束，作业场地洁清、通道畅通。

（2）变压器型号、规格设计应符合设计要求，质量说明书等资料齐全。

（3）组合的箱体找正、找平后，应将箱与箱用镀锌螺栓连接牢固。

（4）箱式变压器接地，应以每箱独立与基础型钢连接，严禁进行串联。接地干线与箱式变电站的 N 母线和 PE 母线直接连接，变电箱体、支架或外壳的接地应用带有防松装置的螺栓连接。连接均应紧固可靠，紧固件齐全。

（5）箱式变电站的基础应高于室外地坪，周围排水畅通。

（6）箱式变压器用地脚螺栓固定的螺帽齐全，拧紧牢固，自由安放的应垫平放正。

（7）箱壳内的高、低压室均应装设照明灯具。

（8）箱体内应有防雨、防晒、防锈、防尘、防潮、防凝露的技术措施。

（9）箱式变压器安装高压或低压电能表时，必须接线相位准确，并安装在便于查看的位置，见表2-4。

表2-4　　　　　　　　　　变压器安装要求

分项工程	控制内容	质量要求	检验方法
箱式变电站安装	设备及材料	型号、规格和性能参数应符合设计和合同要求	查验资料
	电压比允许偏差	±0.5%	查验资料
	三相变压器接线组别极性	与设计要求及铭牌标识和外壳符号相符	查验试验资料
	绕组连同套管的直流泄漏电流	符合相关规范要求	查验试验资料
	铁芯及紧固件绝缘	2500V 绝缘电阻表，持续时间为1min，无闪络及击穿现象	现场观察、检查
	绕组连同套管的绝缘电阻	大于70% 出厂试验值、吸收比大于1.3，与出厂值无明显差别	查验试验资料

续表

分项工程	控制内容	质量要求	检验方法
箱式变电站安装	绕组连同套管的交流耐压试验	符合规范要求	旁站
	冲击合闸试验	5次无异常现象	现场观察、检查
	闭锁装置	齐全可靠	现场观察、检查
	接地中性点接地	符合设计要求	现场观察、检查
	相序	符合设计要求	查验试验资料
	变压器基础	水平	现场检查、测量
	附录齐全、各部件	清洁,油漆均匀完整,套管无裂纹或损伤	
	绕组接线	牢固正确	
	绕组接线表面	无放电痕迹及裂纹	
	相色标识	正确、齐全	
	变压器本体固定	牢固、可靠	现场检查测量
	引出裸导体相间及对地距离	符合《电气装置安装工程 母线装置施工及验收规范》(GB 50149—2010)要求,防松齐全完好,引线支架固定牢固、无损伤	
	温控装置数据整定	正确、动作可靠	
	温控器、风机	工作正常	
	绝缘层	无损伤、裂纹	
	裸露导体外观	无毛刺、尖角	
	柜装变压器底部孔洞	封堵完好	
	铁芯接地	一点接地	

2. 箱式变压器预防性试验

(1)准备好现场试验用电源设施(包括可靠的接地线)以及有关试验设备、仪器仪表、应用工具和连接导线等,试验用的工作应完好,能正常工作,做好现场安全措施。

(2)母线及高压开关柜检查,交流耐压试验,采用工频 50Hz、27kV 交流耐压 1min,耐压时无放电,击穿现象。

(3)母线及高压开关绝缘电阻试验,用 2500V 绝缘电阻表得 A 相对 B、C 相地,B

相对 A、C 相地，C 相对 A、B 相地，绝缘电阻在 2500MΩ 以上，三相不平衡系数不大于 2。

（4）断路器操动机构试验，用操作手柄分合开关，能正确动作、分合到位，无卡阻现象。

（5）母线及高压开关辅助回路和控制回路绝缘电阻，采用 500～1000V 绝缘电阻表测量，绝缘电阻不小于 2MΩ。

（6）检查电压抽取（带电显示器）装置，应符合制造厂规定。

（7）电气"五防"性能检查应符合制造厂规定，应符合运行规程规定。

（8）电缆主绝缘直流耐压试验，电缆无放电、击穿现象，耐压 5min 时的泄漏电流不应大于耐压 1min 的泄漏电流。

（9）电缆主绝缘电阻，三相主绝缘电阻不应小于 2500MΩ。

（10）检查电缆线路的相位，用绝缘电阻表测量，测量后对试品充分放电，电缆相位正确。

3. 美式变压器及欧式变压器设备监理验收内容

（1）验收应提供的相关资料和试验报告。

1）施工依据文件，包括立项申请、批复等。

2）设计图纸、变更文件、技术协议等。

3）施工组织文件，包括开工报告、施工组织措施、建立联系单、市政报建开挖批复或者土地使用协议。

4）制造厂提供的设备及附录合格证书以及中文说明书，要求齐全，内容相符。

5）制造厂提供的设备及附录出厂试验报告和记录。

6）制造厂提供的设备安装图纸。

7）运输过程质量控制文件。

8）开箱验收记录。

9）施工质量文件，包括质量检查评定、测试材料等。

10）施工安装文件，包括现场施工记录、安装记录等。

11）交接试验报告、调试报告。

12）竣工报告，竣工报告包括设备明细表、实际工程量等。

13）监理报告、隐蔽工程报告。

14）缺陷处理报告。

15）变压器交接验收项目与标准、交接验收卡。

（2）设备外观检查。

1）变压器外观检查合格，无机械损伤，柜门能够正常开闭。

2）箱式变压器外观检查合格，无机械损伤等，欧式箱式变压器柜门、变压器室网门能够正常开闭，美式箱式变电站密封完好。

（3）变压器检查。

1）变压器安装应符合规程要求、外观检查无异常。

2）变压器室柜门能正常开闭，分接头位置正确，温控及风扇起动正常。

3）变压器铁芯、外壳、保护罩、电缆终端等接地应符合相关接地要求。

4）变压器室内无遗留物。油浸式主变压器无渗漏油，压力释放阀门工作正常，高低压桩头螺栓紧固。

5）根据变压器端口电压需控制在 205～235V，调节变压器挡位。

6）有整定装置的低压开关需根据负荷情况，整定值不小于总容量的 80%，即调整至 0.8 及以上。

（4）电缆铭牌检查。

1）进、出线电缆标示牌、标志桩齐全。

2）准确反映电缆去向、规格、长度等相关资料，并且与开关名称标注的信息一致。

（5）二次回路及仪表检查。

1）二次回路连接正确牢固、可靠、规范，编号清晰。

2）开关柜电气联锁功能应满足要求。

3）仪器仪表外观完好，选型（主要是量程）符合要求，指示正常。

4）变压器温控线不得触碰变压器线圈。

（6）接地系统检查。本体接地应牢固，接地铜排应满足设计要求。接地网接地电阻应不大于 4Ω，接地扁铁规格应达到 40mm×5mm，并经防腐处理和油漆，搭接焊长度应达到其宽度的 2 倍，接地体埋深达到 0.8m，接地引出极位置适当数量充足。

（7）电缆进出沟孔。电缆进出沟孔的立面垂直、表面平整，按照防水防火要求封堵严密，并加装钢丝网防止小动物进入。

（8）外部环境验收。变压器设备与周围的树木、建筑物等必须保持足够的安全距离，没有影响操作和检修的障碍物。

四、环网柜

1. 设备就位

（1）应采用专用吊具底部起吊。

（2）柜体应满足垂直度小于 1.5mm/m。相邻两柜顶部水平误差小于 2mm，成列柜顶部小于 5mm。相邻两柜边盘面误差小于 1mm，成列柜面小于 5mm，柜间接缝小于 1.5mm。

（3）平行排列的柜体安装应以联络母线桥两侧柜体为准，保证两面柜就位正确，其左右偏差小于 2mm，其他柜依次安装。

（4）电缆接线端子压接时，线端子平面方向应与母线套管铜平面平行，确保接触良好。

（5）条件允许情况下，电缆各相线芯应尽量垂直对称。

（6）门内侧应标出主回路的一次接线图，注明操作程序和注意事项，各类指示标识显示正常。

（7）门开启角度应大于 90°，并设定位装置，门应有密封措施。

（8）已安装的故障指示器应安装紧固，防止滑动而造成脱落。

（9）环网柜各项调试内容应符合要求，仪器显示应正常。

（10）若为环网单元检修，在拆除原环网单元进出线电缆头时应采取措施保护电缆头，防止电缆头受潮进水，并做好相色标志，防止相序接线错误，送电后应采取一次或二次核相。

（11）环网单元应具有标示、警告牌。

1）环网单元与基础应固定可靠，采用螺栓连接。

2）户外环网柜安装时，其垂直度、水平偏差允许偏差应符合规定。

3）环网单元箱及箱内配电设备均应采用扁钢（5mm×50mm）与接地装置相连，连接点应明显可见，不少于 2 处，对称分布，接地装置由水平接地体与垂直接地体组成，其接地电阻应符合设计要求（不应大于 4Ω）。

4）进入环网单元的三芯电缆用电缆卡箍固定在高压套管的正下方，至少有 2 处固定点，避免产生应力。

5）电缆从基础下进入环网单元时应有足够的弯曲半径，能够垂直进入。

6）电缆与环网柜高压套管通过螺栓连接必须按照厂家说明的规定扭矩，紧固螺栓。

7）安装完成后应进行绝缘试验、工频耐压试验、主回路电阻测量、操动机构检查和测试、二次回路绝缘电阻测量、防误闭锁装置检查及接地电阻测量。试验结果应符合相关标准。

8）施工完毕后，应做好环网单元的封堵工作，防止小动物进入、防止电缆沟的潮气侵入。

2. 环网柜试验

辅助及控制回路交流耐压为：

（1）一般情况下试验电压为 1000V，回路绝缘电阻在 $10M\Omega$ 以上时使用 2500V 绝缘电阻表。

（2）试验中回路不应有其他工作进行，使用绝缘电阻表测量后应充分放电。

（3）试验时应记录环境温度，测试后对所测回路进行放电。

（4）接线时应注意保持与带电设备距离。

（5）试验过程应有人监护，当出现异常情况时，应立即停止试验，降低电压，断开电源，被试品进行接地放电后再对其进行检查，查明原因后，方可继续试验。

（6）断路器整体和断口间绝缘电阻不低于 300MΩ。

（7）导电回路电阻符合制造厂的规定。

（8）断路器主回路对地、断口间及相间交流耐压无击穿、闪络。

五、分支箱

（1）电缆分支箱与基础应固定可靠。

（2）进入电缆分支箱的三芯电缆用电缆卡箍固定在高压套管的正下方。

（3）电缆从基础下进入电缆分支箱时应有足够的弯曲半径，能够垂直进入。

（4）电缆进出口应进行防火、防小动物封堵。

（5）电缆终端部件符合设计要求，电缆终端与母排连接可靠，搭接面清洁、平整、无氧化层，涂有电力复合脂，符合规范要求。

（6）已安装的故障指示器应安装紧固，防止滑动而造成脱落。

（7）电缆应相色标志正确清晰。

（8）安装完成后应对箱内机械部件和电气部件进行调试，并进行绝缘试验、工频耐压试验、主回路电阻测量及接地电阻测量。

（9）电缆分接箱应具有标示、警告牌，箱内安装要求如下：

1）箱体调校平稳后，采用地脚螺栓固定，螺帽应齐全并拧紧牢固。

2）电缆接线端子压接时，线端子平面方向应与母线套管铜平面平行。

3）电缆各相线芯应垂直对称，离套管垂直距离不应小于 750mm。

4）对箱内机械部件调试时，要保证柜门开闭灵活、操动机构动作可靠、机械防护装置动作可靠。

5）箱体外壳及支架应与接地网可靠连接，接地装置电阻应符合设计要求。

6）若为分支箱检修，在拆除原分支箱进出线电缆头时应采取措施保护电缆头，防止电缆头受潮进水，并做好相色标志，防止相序接线错误，送电后应采取一次或二次核相。

六、电缆安装

1. 交接验收

（1）验收时，监理单位按下列要求进行检查：

1）电缆规格符合设计要求，排列整齐无机械损伤，标识牌齐全、正确、清晰。

2）电缆固定，弯曲半径、相序排列符合要求。

3）电缆终端头、接头，固定牢固，终端相色正确，接地良好。

4）电缆支架、吊架、桥架等金属部件防腐层完好，接地良好。

5）电缆沟清洁，盖板齐全，隧道内无杂物、照明、通风、排水等符合设计要求。

6）防火措施符合设计要求，施工质量合格。

（2）验收时，应提交下列资料和技术文件：

1）设计图纸资料、电缆清册，变更设计文件，竣工图。

2）制造厂提供的产品说明书、试验记录、合格证及安装图等技术文件。

3）隐蔽工程记录。

4）电缆走向图，应包括：线路编号、电缆型号和规格，电缆实际敷设总长度和分段长度、电缆终端头和接头的位置及安装日期。

5）电缆敷设要求见表2-5。

表2-5　　　　　　　　　　　　　　　　电缆敷设要求

分项工程	控制内容	质量要求	检验方法
电缆线路	电缆	型号、规格和电压等级应符合设计和合同要求	查验产品合格资料
	动力电缆绝缘电阻	符合规范要求	查验试验资料
	动力电缆交流耐压试验	符合规范要求	查验试验资料和旁站
	动力电缆两端相位	应一致	现场观察、检查
	控制电缆绝缘电阻	符合产品技术要求	查验试验资料
	电缆敷设	无绞拧、铠装压扁、护层断裂和表面严重划伤	现场观察、检查
		排列整齐，固定良好，不宜交叉	
		支持点间距、电缆最小弯曲半径符合规范要求	
		标识牌齐全，电线电缆的回路标识清晰，编号准确	
		室外直埋电缆埋深不小于0.7m，标桩固定牢固	
		伸缩缝处的电缆留有松弛部分	

续表

分项工程	控制内容	质量要求	检验方法
电缆线路	电缆终端和是间接头制作安装	符合规范及产品技术要求	现场观察、检查
	接地	电缆、支架、桥架、配管接地牢固、可靠	现场检查、检测
		符合规范要求	
	支架配制与安装	符合规范要求	现场观察、检查
	电缆桥架安装	直线段钢制电缆桥架长度超过30m，铝合金或玻璃钢制电缆桥架长度超过15m设置伸缩节，电缆桥架跨越建筑物变形处设置补偿装置	现场观察、检查
		水平安装电缆桥架的支架间距一般为1.5～3.0m，垂直安装的支架间距不大于2m	
		桥架与支架间螺栓、桥架连接板螺栓固定坚固无遗漏，螺母位于桥架外侧	
		铝合金桥架与钢支架有相互绝缘的电化腐蚀措施	

（3）电缆支架安装。

1）电缆支架规格、尺寸、跨距、各层间距离及距顶板、沟底最小净距应遵循设计及规范要求，安装支架的电缆沟土建项目验收合格。

2）金属电缆支架须进行防腐处理，位于湿热、盐雾以及有化学腐蚀地区时，应根据设计做特殊的防腐处理。

3）电缆支架安装前应进行放样定位，电缆支架应安装牢固，横平竖直。托架支吊架的固定方式应按设计要求进行。

4）电缆支架应牢固安装在电缆沟墙壁上。

5）金属电缆支架全长按设计要求进行接地焊接，应保证接地良好。所有支架焊接应牢靠，焊接处防腐符合规范要求。

6）支架材料应平直，无明显扭曲，下料误差应在5mm范围内，切口应无卷边、毛刺。

7）焊口应饱满，无虚焊现象，支架同一挡在同一水平面内，高低偏差不大于5mm。

支架应焊接牢固，无显著变形。

8）各支架的同层横挡应在同一水平面上，其高低偏差不应大于5mm。托架支吊架沿桥架走向左右的偏差不应大于10mm。

9）电缆支架横梁末端50mm处应斜向上倾角10°。

2. 电缆敷设

（1）审核电缆厂家提供的质量证明文件及相关技术资料。

（2）确认电缆的规格、型号、长度及电压等级应符合设计要求。

（3）电缆外表应无纹拧、铠装压扁、护层断裂和表面严重划伤等缺陷，电缆绝缘试验应合格。

（4）电缆敷设时，转角处需安排专人观察，负荷适当，统一信号、统一指挥。在电缆盘两侧须有协助推盘及负责刹盘滚动的人员。拉引电缆的速度要均匀，机械敷设电缆的速度不宜超过15m/min，在较复杂路径上敷设时，其速度应适当放慢。

（5）电缆进出建筑物、电缆井及电缆终端头、电缆中间接头、拐弯处、工井内电缆进出管口处应挂标识牌。沿支架桥架敷设电缆在其首端、末端、分支处应挂标识牌，电缆沟敷设应沿线每距离20m挂标识牌。电缆标牌上应注明电缆编号、规格、型号、电压等级及起止位置等信息，标识牌规格和内容应统一，且能防腐。

（6）电缆在任何敷设方式及其全部路径条件的上下左右改变部位，最小弯曲半径均应满足《电力电缆及通道运维规程》（Q/GDW 1512—2014）或设计要求。

（7）电缆头制作前，应将用于牵引部分的电缆切除。电缆终端和接头处应留有一定的备用长度，电缆中间接头应放置在电缆井或检查井内。若并列敷设多条电缆，其中间接头位置应错开，其净距不应小于500mm。

（8）电缆敷设后，电缆头应悬空放置，将端头立即做好防潮密封，以免水分侵入电缆内部，并应及时制作电缆终端和接头；同时应及时清除杂物，盖好盖板，还要将盖板缝隙密封，施工完后电缆进入电缆沟、隧道、竖井、建筑物、盘（柜）以及穿入管道处出入口应保证封闭，管口进行密封并做防水处理。

（9）单芯电缆钢管敷设应三相同时穿入一个管径。电缆敷设如图2-21所示。

3. 电缆头终端制作

（1）严格按照电缆附件的制作要求制作电缆终端。

（2）电缆及电缆头附录的规格应一致，零部件完整齐全，电缆耐压试验合格。

（3）剥除外护套应分两次进行，以避免电缆铠装层铠装松散。先将电缆末端外护套保留100mm，然后按规定尺寸剥除外护套。

图 2-21　电缆敷设

（a）电缆盘架设；（b）直线段电缆敷设；
（c）转弯处电缆敷设；（d）电缆防火封堵（防火涂料涂刷前）

（4）安装接地装置时，金属屏蔽层及铠装应分别用两条铜编织带接地，必须分别焊牢或固定在铠装的两层钢带和三相铜屏蔽层上，二者分别用绝缘带包缠，在分支手套内彼此绝缘且两条接地线必须做防潮段，安装时错开一定距离。

（5）三芯电缆的电缆终端采用分支手套，分支手套套入电缆三叉部位，必须压紧到位，收缩后不得有空隙存在，并在分支手套下端口部位绕包几层密封胶加强密封。

（6）外半导电层剥除后，绝缘表面必须用细砂纸打磨，去除嵌入在绝缘表面的半导电颗粒。

（7）热缩的电缆终端安装时应先安装应力管，再安装外部绝缘护管和雨裙，安装位置及雨裙间的间距应满足规定要求。应采用相应颜色的胶带进行相位标识。

电缆头终端制作安装如图 2-22 所示。

4. 电缆附件安装

（1）直埋电缆接头的金属外壳和电缆的金属护层应做防腐、防水处理。

（2）电缆终端头固定良好，无受重力及外力现象。

（3）电缆中间头放置在电缆支架上，两端有预留长度。

（4）电缆终端上应有明显的相位或极性标识，且应与系统的相位或极性一致。

（5）电缆固定后应悬挂电缆标识牌，标识牌尺寸规格统一。

（6）电缆固定抱箍应设在应力锥下和三芯电缆的电缆终端下部等部位，各相终端固定处应加装符合规范要求的衬垫。

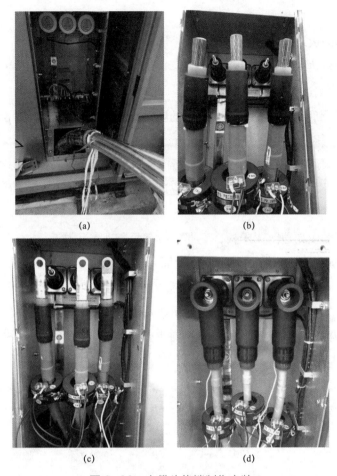

(a)　　　　　　　　　(b)

(c)　　　　　　　　　(d)

图 2-22　电缆头终端制作安装

（a）电缆绝缘层剥离；（b）电缆头终端制作；
（c）电缆头终端制作完成；（d）电缆头终端安装完成

5. 主绝缘及外护套绝缘电阻测量

（1）电缆主绝缘电阻测量应采用 2500V 及以上电压的绝缘电阻表，外护套绝缘电阻测量宜采用 1000V 绝缘电阻表。

（2）耐压试验前后，绝缘电阻应无明显变化。电缆外护套绝缘电阻不低于 $0.5M\Omega \cdot km$。

主绝缘交流耐压试验用频率范围为 $20 \sim 300Hz$ 的交流电压对电缆线路进行耐压试验，电缆额定电压为 U，新投运线路或不超过 3 年的非新投运线路试验电压为 $2.5U$，非新投运线路为 $2U$，时间为 5min。电缆两端的相位检查，检查电缆两端的相位，应与电网的相位一致。

接地电阻测试，使用接地电阻测试仪对电缆线路接地装置接地电阻进行测试。电缆线路接地电阻测试结果不应大于 10Ω。

（1）电缆沟防火墙。

1）户外电缆沟内的隔断应采用防火墙，电缆通过电缆沟进入保护室、开关室等建筑物时，应采用防火墙进行隔断。

2）防火墙两侧应采用10mm以上厚度的防火隔板封隔，中间应采用无机堵料、防火包或耐火砖堆砌，其厚度一般不小于250mm。

3）防火墙应采用热镀锌角钢作支架进行固定。

4）防火墙内预留的电缆通道应进行临时封堵，其他所有缝隙均应采用有机堵料封堵。

5）防火墙顶部应加盖防火隔板，底部应留有两个排水孔洞。

6）对于阻燃电缆在电缆沟每隔80～100m设置一个隔断；对于非阻燃电缆，宜每隔60m设置一个隔断，一般设置在临近电缆沟交叉处。

7）防火墙内的电缆周围应采用不得小于20mm的有机堵料进行包裹。

8）防火墙两侧的电缆周围利用有机堵料进行密实的分隔包裹，其两侧厚度大于防火墙表层20mm。

9）防火墙上部的电缆盖上应涂刷明显标记，电缆沟防火墙如图2-23所示。

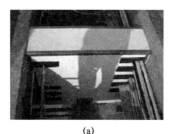 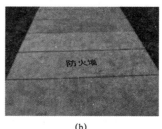

(a)   (b)

图2-23　电缆沟防火墙
（a）电缆沟防火墙；（b）电缆沟防火墙标识

（2）电缆管道防火封堵。电缆管口应采用有机堵料严密封堵。管径小于50mm的堵料嵌入深度不小于50mm，露出管口厚度不小于10mm。随管径的增加，堵料嵌入管子的深度和露出的管口的厚度也相应增加，管口的堵料要做成圆弧形，如图2-24所示。

（3）防火包带及防火涂料。

1）施工前应清除电缆表面灰尘、油污，注意不能损伤电缆护套。

2）防火包带或涂料的安装位置一般在防火墙两端和电力电缆接头两侧的2～3m长区段。

3）防火包带应采用单根绕包的方式。

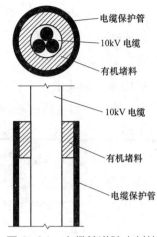

图 2-24　电缆管道防火封堵

4）用于耐火防护的材料产品，应按等效工程使用条件的燃烧试验满足耐火极限不低于 1h 的要求，且耐火温度不宜低于 1000℃。

5）水平敷设的电缆应沿电缆走向进行均匀涂刷，垂直敷设的电缆宜自上而下涂刷。

6）电缆防火涂料的涂刷一般为 3 遍（可根据设计相应增加），涂层厚度为干后 1mm 以上。

7）电缆密集和束缚时，应逐根涂刷，不得漏刷，防火涂料表面光洁、厚度均匀。

8）防火包带采取半搭盖方式绕包，包带要求紧密地覆盖在电缆上，如图 2-25 所示。

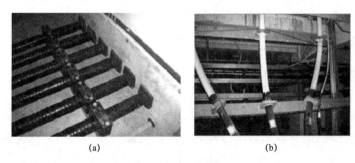

(a)　　　　　　　　　　(b)

图 2-25　防火包带及防火涂料

（a）防火包带；（b）防火涂料

七、接地装置

1. 接地工程施工前准备

（1）接地工程施工前，监理单位应会同建设、设计、承担单位赴现场核对设计文件，参加技术交底。监理工程师工作内容：

1）熟悉设计文件，核对施工图纸。

2）了解现场地形、地貌、水文和地质条件。

3）掌握设计中采用的新技术、新材料及新工艺。

4）掌握设计标准及安装结构的质量要求。

（2）总监理工程师应依据国家法律法规要求及工程建设标准，工程设计图纸及工程监理合同组织编制监理规划，专业监理工程师依据已批准的监理规划、相关专业工程的标准、设计文件及有关技术资料及施工"三措一案"组织编制监理实施细则。

（3）监理单位审核并批准承包单位的施工组织设计方案，重点审查施工组织设计的合理性、可行性，监理工程师提出修改建议或意见，报建设单位审批。

（4）审核承包单位施工机械、设备、人员进场情况及施工准备工作。

（5）审核承包单位的开工报告，报建设单位审批。

2. 接地装置的敷设质量控制

（1）接地装置的埋设。

1）接地装置水平及垂直接地体埋设的位置及所用材料的规格应符合设计要求，其接地装置的导体截面应符合要求。

2）接地体埋设深度当设计无规定时距地面不应小于 0.6m。

3）明敷设接地线支撑间的距离，水平直线部分应为 0.5～1.5m，垂直部分应为 1.5～3m，转弯部分距转角应为 0.3～0.5m，跨越建筑物伸缩缝、沉降缝应有补偿装置。

4）监理工程师观察检查及见证检验，检查并签认隐蔽工程记录。

（2）接地体的连接质量控制。

1）接地体的连接方法应符合设计要求，连接牢固可靠。

2）接地体的搭焊长度。扁钢为其宽度的 2 倍且不少于三个棱边焊接。圆钢为其直径的 6 倍，且双侧焊接。圆钢与扁钢连接为圆钢直径的 6 倍。

3）利用各种金属构件，金属管道作地线时，应在其串接部位焊有金属跨接线。

4）电气装置的金属部分均应按设计要求可靠接地或接零。电气装置的接地应以单独的接地线与地线干线相连，不得在一个接地线中串接几个需要接地的电气装置。

5）供连接临时接地线用的连接板或螺栓的数量和位置应符合设计要求，并应有标记。

6）接地装置的接地电阻必须符合设计要求。

7）接地体截面积应符合要求，见表 2-6。

表 2-6 　　　　　　　　　　　　　接地体截面积要求　　　　　　　　　　　　　（mm^2）

电缆截面积 S	接地线截面积
$S \leq 16$	接地线截面积与芯线截面积相同
$16 < S \leq 120$	16
$S \geq 150$	25

8）监理工程师观察检查及见证检验，审批隐蔽工程记录及相关的测试报告。

接地装置敷设如图2-26所示。

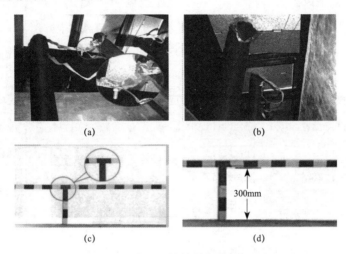

(a)　　　　　　　　　　　　　　(b)

(c)　　　　　　　　　　　　　　(d)

图2-26　接地装置敷设

（a）高压电缆接地极共用；（b）电缆接地线独立连接；
（c）接地焊接部位；（d）接地体距离地面高度

（3）爆炸和火灾危险场所电气设备的接地。

1）爆炸和火灾危险场所内除照明设备外，其他电气设备应采用专用的接地线。

2）在爆炸危险环境内的接地干线应在不同方向与接地体相连，连接处不少于两处。

3）爆炸危险环境内与接地干线相连的接地线应采用多股软胶线，其最小载面铜线应为 $4mm^2$，易受机械损伤的部位应装设保护管。

4）爆炸危险环境内接地或接零的螺栓应有防松装置。

5）监理工程师观察检查及见证检验，审批有关的安装记录及测试报告。

（4）防雷与接地装置安装具体要求，见表2-7。

表2-7　　　　　　　　　　　防雷与接地装置安装要

分项工程	控制内容	质量要求	检验方法
防雷与接地装置安装	接地装置的材料	应符合设计要求。接地网连接可靠，防腐层完好，标识齐全明显	查验材料合格资料
	接闪器	独立避雷针的安装符合设计要求	现场观察、检查
		建筑物顶部的避雷针、避雷带与顶部外露的其他金属物体连成整体电气通路且与避雷引下线连接可靠	

续表

分项工程	控制内容	质量要求	检验方法
防雷与接地装置安装	引下线安装	暗敷设在建筑物抹灰层内的引下线用卡钉分段固定。明敷的引下线平直、无急弯	现场观察、检查
		与支架焊接处油漆防腐完好	
	跨接线设置	符合设计和规范要求	现场观察、检查
	测试点设置	符合设计要求	现场观察、检查
	接地电阻	符合设计要求	现场测量
	等电位联结	符合规范要求	现场观察、检查
	接地装置连接	采用搭接焊	现场观察、检查
		扁钢搭接长度为宽度的2倍，且至少有3个棱边施焊	
		圆钢与圆钢搭接长度为其直径的6倍，双面施焊	
		扁钢与钢管、扁钢与角钢焊接，紧赔3/4表面，或紧贴角钢外侧两面，上下两侧施焊	
		焊接接头有防腐措施	
	接地装置埋设	顶面埋深符合设计要求，且不小于0.6m，人行通道处大于1.0m	现场检查、测量
		垂直接地体间距于其长度的2倍	
		水平接地体间距符合设计要求，无要求时间距不小于5m	
	支持件间距	明敷接地线支持件间距均匀，水平间距0.5～1.5m	现场检查、测量
		垂直间距1.5～3.0m	
		弯曲部分间距0.3～0.5m	
	变配电室接地干线与接地装置引出干线连接	不小于2处	现场观察、检查
	避雷针与避雷带	位置、高度符合设计要求	现场观察、检查
		焊缝饱满无遗漏，焊接部分补刷防腐油漆	
		螺栓固定的备帽等防松零件齐全	

续表

分项工程	控制内容	质量要求	检验方法
防雷与接地装置安装	接地线穿越墙板	加钢套管或其他坚固的保护套管，钢套管与接地线电气连通	现场观察、检查
	防腐与标识防腐	完好，标识齐全、明显	现场观察、检查

第四节 工程资料收集

一、资料收集依据

《国家电网公司关于进一步加强农网工程项目档案管理的意见》国家电网办〔2016〕1039号。

施工单位报送监理项目部文件及要求（见附录22）。

二、监理资料收集类别

（1）日志。

（2）旁站记录表（安全/质量）。

（3）监理检查记录表。

（4）通知单、联系单。

（5）竣工预验收注意事项。

（6）数码照片。

（7）配电网工程档案归档要求（见附录23）。

第三章 配电变压器安装

第一节 工序划分

配电变压器安装工序划分表见表 3-1。

表 3-1 配电变压器安装工序划分表

序号	工序		质量			安全		
			W	H	S	W	H	S
1	工作票检查	签发、许可手续				√		
		人员核查				√		
		工作范围				√		
		安全措施					√	
		工作票交底				√		
2	方案落实情况检查	方案交底				√		
		施工机械、安全工器具、仪器、仪表				√		
		作业过程				√		
3	台架杆组立	基坑开挖	√					
		底盘安装	√					
		台架杆就位	√					√
		基础回填	√					
4	变压器安装	横担安装	√					
		变压器就位		√				√
		相位核对	√					
		进出线安装	√					
		绝缘护套安装	√					
5	避雷器安装	避雷器就位	√					
		引线安装	√					
		绝缘护套安装	√					

续表

序号	工序		质量			安全		
			W	H	S	W	H	S
6	熔断器安装	熔断器安装	√					
		引线安装	√					
		绝缘护套安装	√					
7	JP 柜安装	JP 柜就位	√					
		JP 柜固定	√					
		JP 柜进出线敷设	√					
		柜内二次接线	√					
		封堵	√					
8	接地装置	接地环安装	√					
		环形接地安装		√				
		设备接地安装		√				
		屏蔽线安装	√					
9	工作票终结	杆、线遗留物				√		
		施工区域人员撤离				√		
		接地线拆除				√		

注　W 为见证点；H 为停工待检点；S 为旁站点。

第二节　现场安全管理

一、工作票

1. 工作票制度

（1）以下情况可使用一张配电第一种工作票。

1）一条配电线路（含线路上的设备及其分支线，下同）或同一个电气连接部分的几条配电线路或同（联）杆塔架设、同沟（槽）敷设且同时停送电的几条配电线路。

2）不同配电线路经改造形成同一电气连接部分，且同时停送电者。

3）同一高压配电站、开关站内，全部停电或属于同一电压等级、同时停送电、工作中不会触及带电导体的几个电气连接部分上的工作。

4）配电变压器及与其连接的高低压配电线路、设备上同时停送电的工作。

5）同一天在几处同类型高压配电站、开关站、箱式变电站、柱上变压器等配电设备上依次进行的同类型停电工作。同一张工作票多点工作，工作票上的工作地点、线路名称、设备双重名称、工作任务、安全措施应填写完整。不同工作地点的工作应分栏填写。

（2）以下情况可使用一张配电第二种工作票。

1）同一电压等级、同类型、相同安全措施且依次进行的不同配电线路或不同工作地点上的不停电工作。

2）同一高压配电站、开关站内，在几个电气连接部分上依次进行的同类型不停电工作。

2. 工作票检查

（1）工作票应由工作票签发人审核，手工或电子签发后方可执行。工作许可人许可工作开始应通知工作负责人，通知方式有当面许可和电话许可两种。工作票由工作负责人填写，也可由工作票签发人填写。一张工作票中，工作票签发人、工作许可人和工作负责人三者不得为同一人。工作许可人中只有现场工作许可人（作为工作班成员之一，进行该工作任务所需现场操作及做安全措施者）可与工作负责人相互兼任；若相互兼任，应具备相应的资质，并履行相应的安全责任，如图 2-1 所示。

（2）现场核查施工人员是否与工作票一致，如图 2-2 所示。

（3）现场核查施工区域是否在工作票工作范围内，严禁超出工作票范围施工，如图 3-1 所示。

3. 工作任务

任务单编号及任务编号	工作地点或设备［注明变（配）电站］线路名称、设备双重名称及起止杆号	工作内容
1 号	215 泰吴 1 号线东汪支 5～17 号杆	(1) ××号、××号杆更换横担；××号、××号杆加装避雷器
		(2) 11 号杆向南新立钢管塔 1 基，新放 10kV 导线 1 挡，拆除拉线 1 组，新立钢管塔开耐张
2 号	215 泰吴 1 号线殷庄支 11～13 号杆	13 号杆向东新增殷庄 9 号变压器一台及附属设备，新放 10kV 导线 2 挡，新放拉线 1 组
3 号	215 泰吴 1 号线东汪支 29～40 号杆	(1) 29 号杆至污水支 1～3 号杆更换导线 1 挡，污水支 2 号杆更换拉线 2 组，污水支 3 号杆更换拉线 1 组，东汪支 30～32 号杆更换导线 2 挡，31～32 号杆之间新立 15m 杆 1 基，新增开关一台
		(2) 32～40 号杆之间新立 15m 杆 6 基，32 号杆开耐张，33 号杆拆除高压补偿器及附属材料，40 号杆更换拉线 1 组
	教导支 1～3 号杆	(3) 1～2 号杆之间新立 15m 杆 1 基、1 号杆拆除西汪 3 号变压器及附属设备、教导支 3 号杆更换拉线一组、更换泰吴-教导 S01 开关一台

图 3-1　核查工作票工作范围

3. 交底签名手续

工作前，工作负责人对工作班成员进行工作任务、安全措施交底和危险点告知，工作班成员应熟悉工作内容、工作流程，掌握安全措施，明确工作中的危险点，并在工作票上履行交底签名确认手续，如图 3-2 所示。

8. 现场交底，工作班成员确认工作负责人布置的工作任务、人员分工、安全措施和注意事项并签名：

周×× 王×× 张× 陈×× 李×× 金× 姜××

刘×× 乔×× 孙××

图 3-2　施工人员全员签名

4. 工作票终结

工作结束后，工作负责人应认真清理工作现场和人员，清点核实现场所挂的接地线（数量、编号）以及带到现场的个人保安线数量是否确已全部拆除，并准确填写已拆除的接地线编号、总组数及带到现场的个人保安线数量。确认工作班人员已全部撤离现场，材料工具已清理完毕，杆塔、设备上已无遗留物。工作终结报告应向所有的工作许可人报告（并录音）。应由工作负责人和工作许可人在工作票上签字，报告时间为双方核定的签字时间，如图 3-3 所示。

12. 工作终结：

12.1 工作班现场所装设接地线共 ___28___ 组、个人保安线共 ___25___ 组已全部拆除，工作班人员已全部撤离现场，材料工具已清理完毕，杆塔、设备上已无遗留物。

12.2 工作终结报告：

任务单编号	报告方式	工作负责人	工作许可人	工作终结报告时间
×× 台区变压器及线路	当面	张××	马××	2019 年　8 月　9 日 18 时 30 分
	当面			年　　月　　日　　时　　分

图 3-3　施工人员全员签名

二、方案落实情况

1. 检查施工方案交底是否完善（如图 3-4 所示）

组 织 措 施

工程负责人：陈××
施工负责人：夏××
技术负责人：潘××
现场安全员：黄××
材料组员：陈××
质量验收员：张×
施工人员：陈××、沈××、李××、柳××、
刘××、柳×、柳×、廖××、陈××
后勤负责人：严××

安 全 措 施

一、全体参加工程人员必须严格执行《电力安全工作规程》《电力建设安全施工管理规定》《电力建设安全工作规程》以及本安全措施。坚持"安全第一，预防为主、综合治理"的方针，严格执行各级安全生产责任制，正确处理好安全与速度，安全与质量的关系，真正做到一切服从于安全。积极开展"反习惯性违章"活动。互相关心施工安全，监督现场各项安全、技术措施的实施，做到无违章指挥、工作无违章作业，发现违章有权立即制止，发现威胁人身和设备安全的情况应立即停止工作，并迅速报告有关领导。

(a)

"四措一案"安全交底记录

学习时间	2019 年 8 月 8 日
学习地点	××工程施工项目部会议室
组织人	马××
学习人员确认签名	张×× 王×× 刘×× 金× 程×× 姜×× 孙× 王× 乔×× 赵×× 左×× 李×× 周×× 宋×
补课人员签名	

(b)

图 3-4　审查施工方案

（a）"四措一案"；（b）方案全员交底签字

注：1. 现场采用"四措一案"或者"三措一案"，根据当地供电系统要求执行。

　　2. 安全交底需全员进行签字确认。

2. 现场安全措施检查

（1）开工前检查施工告示牌、现场管理制度牌、施工告知牌、"十不干"等标示牌，安全工器具、施工材料等要定置摆放，现场配置安全急救箱，自带垃圾桶，如图 3-5 所示。

图 3-5　施工现场布置

（2）配电变压器安装施工现场，应在工作地点四周装设围栏，其出入口要围至邻近道路旁边，并设有"从此进出！"标示牌。工作地点四周围栏上悬挂适当数量的"止步，高压危险！"标示牌，如图3-6所示。

图 3-6　安全围栏、标示牌

（3）施工过程中检查发现无生产许可证、产品合格证、安全鉴定证及生产日期的安全工器具，禁止使用。施工单位在作业前要现场核查施工机械、安全工器具是否满足施工要求。现场使用的安全工器具清单及检查内容，见表3-2。

表 3-2　　　　　　　　　　　　　安全工器具清单及检查内容

安全工器具名称	检查内容	图片示例
安全帽	（1）永久标识和产品说明等标识清晰完整，安全帽的帽壳、帽衬（帽箍、吸汗带、缓冲垫及衬带）、帽箍扣、下颏带等组件完好无缺失。 （2）使用期从产品制造完成之日起计算，塑料帽不得超过两年半。 （3）任何人员进入生产、施工现场应正确佩戴安全帽。安全帽戴好后，应将帽箍扣调整到合适的位置，锁紧下颏带，防止作业中前倾后仰或其他原因造成滑落。安全帽近电报警器应置在帽子前沿，作业前必须打开到相应电压等级	

续表

安全工器具名称	检查内容	图片示例
安全带	商标、合格证和检验证等标识清晰完整，各部件完整无缺失、无伤残破损。安全带试验周期 1 年	
安全绳	安全绳应光滑、干燥，无霉变、断股、磨损、灼伤、缺口等缺陷。所有部件应顺滑，无材料或制造缺陷，无尖角或锋利边缘。护套（如有）应完整不破损。安全绳试验周期 1 年	
成套接地线	（1）接地线的两端夹具应保证接地线与导体和接地装置都能接触良好、拆装方便，有足够的机械强度，并在大短路电流通过时不致松脱。 （2）使用前应检查确认完好，禁止使用绞线松股、断股、护套严重破损、夹具断裂松动的接地线。 （3）成套接地线应用有透明护套的多股软铜线和专用线夹组成，接地线截面积应满足装设地点短路电流的要求，且高压接地线的截面积不得小于 25mm^2，低压接地线和个人保安线的截面积不得小于 16mm^2	
脚扣	金属部分是否变形，脚扣试验周期 1 年	

续表

安全工器具名称	检查内容	图片示例
验电笔	验电笔的各部件，包括手柄、护手环、绝缘元件、限度标记和接触电极、指示器和绝缘杆等均应无明显损伤。声光验电笔使用前需自测，验电笔的规格应符合被操作设备的电压等级。验电笔试验周期半年	
绝缘杆	绝缘杆应清洁、光滑，绝缘部分应无气泡、皱纹、裂纹、划痕、硬伤、绝缘层脱落、严重的机械或电灼伤痕。伸缩型绝缘杆各节配合合理，拉伸后不应自动回缩。绝缘杆（令克棒）试验周期 1 年	
绝缘隔板	应使用试验合格的绝缘隔板，用于 10kV 电压等级时，绝缘隔板的厚度不得小于 3 mm。试验周期 1 年	
绝缘手套	应柔软、接缝少、紧密牢固，长度应超衣袖。使用前应检查无粘连破损，气密性检查不合格者不得使用。试验周期半年	
绝缘靴（鞋）	电绝缘靴（鞋）由天然橡胶加工而成，试验周期半年	

续表

安全工器具名称	检查内容	图片示例
梯子（竹、木）	梯子应放置稳固，梯脚要有防滑装置。梯子与地面的夹角应为 60° 左右，作业人员应在距梯顶 1m 以下的梯蹬上作业。人字梯应具有坚固的铰链和限制开度的拉链。试验周期半年	

3. 验电

（1）验电应由两人进行，其中一人应为监护人。人体与被验电的线路、设备的带电部位应保持足够的安全距离。进行高压验电应戴绝缘手套、穿绝缘鞋。验电器的伸缩式绝缘棒长度应拉足，验电时手应握在手柄处，不得超过护环。

（2）对同杆（塔）塔架设的多层电力线路验电，应先验低压、后验高压，先验下层、后验上层，先验近侧、后验远侧。禁止作业人员越过未经验电、接地的线路对上层、远侧线路验电，如图 3-7 所示。

图 3-7　验电

4. 挂接地

（1）装设接地应由两人进行，其中一人应为监护人。接地线均应使用绝缘棒并戴绝缘手套，人体不得碰触接地线或未接地的导线。装设的接地线应接触良好、连接可靠。装设接地线应先接接地端、后接导体端，如图 3-8 所示。

(a)   (b)

图 3-8　先接接地端、后接导体端

（a）插入深度不小于 60cm；（b）接地棒扣入接地环

（2）现场检查勘察图接地设置是否规范，如图 3-9 所示。

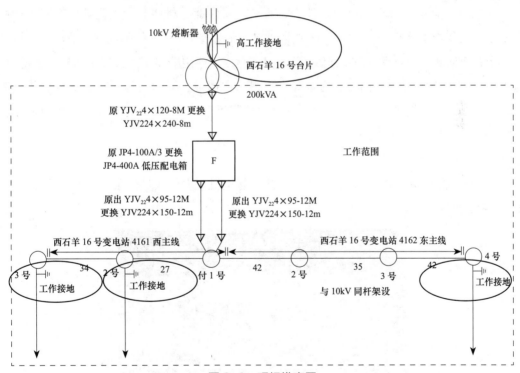

图 3-9　现场勘察图

（3）接地时人体与带电设备安全距离，见表 3-3。

表 3-3   高压线路、设备不停电时的安全距离

电压等级（kV）	10	20
安全距离（m）	0.7	1

（4）检查接地线挂设位置应与工作票一致，如图 3-10 所示。

任务编号	线路名称或设备双重名称和装设位置	接地线编号	装设时间	拆除时间
005	10kV 三赵 142 线 136 号杆小号侧	泰三104号	08 时 55 分	时 分
	10kV 舒余 141 线 136 号杆小号侧	泰三105号	08 时 58 分	时 分
	10kV 三赵 142 线 145 号杆大号侧	泰三108号	09 时 12 分	时 分
	10kV 舒余 141 线 145 号杆大号侧	泰三102号	09 时 16 分	时 分

图 3-10 挂设位置核对

三、作业工序

1. 基坑开挖

挖坑时，应及时清除坑口附近浮土、石块，路面铺设材料和泥土应分别堆置，在堆置物堆起的斜坡上不得放置工具、材料等器物。在超过 1.5 m 深的基坑内作业时，向坑外抛掷土石应防止土石回落坑内，并做好防止土层塌方的临边防护措施。在土质松软处挖坑，应有防止塌方措施，如加挡板、撑木等。不得站在挡板、撑木上传递土石或放置传土工具。禁止由下部掏挖土层。在居民区及交通道路附近开挖的基坑，应设坑盖或可靠遮栏，加挂警告标示牌，夜间挂红灯。

2. 台架杆就位

（1）起重机械操作人员应持证上岗，建立起重机械操作人员台账，并进行动态管理，如图 3-11 所示。

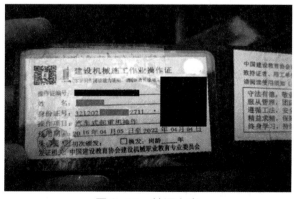

图 3-11 持证上岗

（2）起重作业应由专人指挥，分工明确。操作人员应按规定的起重性能作业，禁止超载。吊车必须支撑牢固，接地线连接可靠，起重臂下方严禁有人或逗留。吊索与物件的夹角宜采用45°～60°，且不得小于30°或大于120°，吊索与物件棱角之间应加垫块。起吊物体应绑扎牢固，吊钩应有防止脱钩的保险装置。立杆时，应使用足够强度的绝缘绳索作拉绳，控制电杆的起立方向，如图3-12所示。

图3-12 台架杆吊装

3. 高空作业

作业人员上杆前需检查杆根、拉线是否牢固。高处作业人员应正确使用安全带，宜使用全方位防冲击安全带，杆塔组立、脚手架施工等高处作业时，宜采用速差自控器等后备保护设施。安全带及后备防护设施应高挂低用。高处作业过程中，应随时检查安全带绑扎的牢靠情况，如图3-13所示。

图3-13 高空作业

4. 现场使用的施工机械及工器具清单及检查内容（见表 3-4）

表 3-4 施工机械清单及检查内容

施工机械及工器具名称	检查内容	图片示例
汽车式起重机	吊车是否有检验合格证。检查吊车驾驶员驾驶证及操作证	
钢丝绳	绳芯是否损坏或绳股挤出、断裂。是否严重锈蚀。插接的环绳或绳套，其插接长度应不小于钢丝绳直径的 15 倍，且不得小于 300mm。每月检查一次（非常用的钢丝绳在使用前应进行检查），每年试验一次	
合成纤维吊装带	合成纤维吊装带使用前应对吊带进行试验和检查，损坏严重者应做报废处理。合成纤维吊装带使用期间应经常检查吊装带是否有缺陷或损伤。如有任何影响使用的状况发生，所需标识已经丢失或不可辨识，应立即停止使用，送交有资质的部门进行检测。每月检查一次。每年试验一次	

施工机械及 工器具名称	检查内容	图片示例
滑车	滑车应按铭牌规定的允许负载使用，如无铭牌，应经计算和试验后重新标识方可使用。使用开门式滑车时应将门扣锁好。采用吊钩式滑车，应有防止脱钩的钩口闭锁装置。每月检查一次，每年试验一次	
紧线器	无裂纹或显著变形。无严重腐蚀、磨损现象。转动部分灵活、无卡涩现象。半年检查一次，每年试验一次	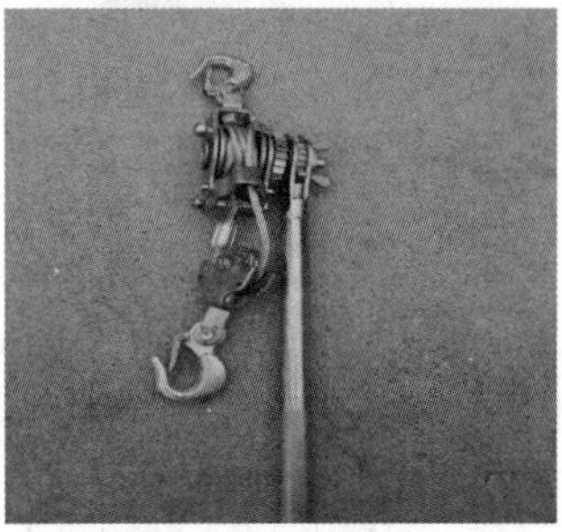
机动绞磨	（1）滚筒突缘高度至少应比最外层绳索的表面高出该绳索的一个直径，吊钩放在最低位置时，滚筒上至少剩有 5 圈绳索，绳索固定点良好。 （2）机械转动部分防护罩完整。 （3）荷重控制器动作正常。 （4）制动器灵活良好，每月检查一次，每年试验一次	
绳卡、卸扣等	丝扣良好，表面无裂纹。每月检查一次，每年试验一次	

5. 变压器检查

变压器就位前检查试验报告及就位，如图 3-14 所示。

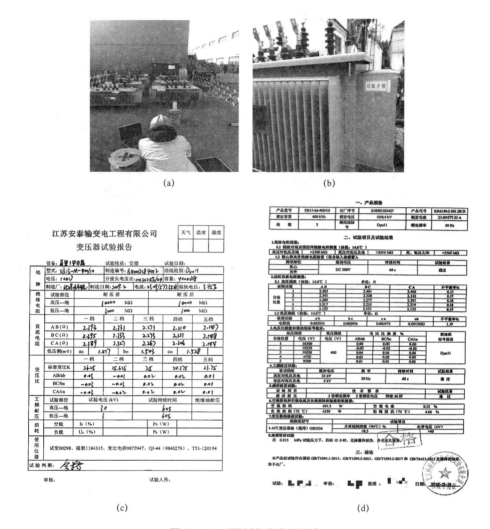

图 3-14 预防性试验及报告

（a）变压器试验；（b）张贴试验合格标签；（c）施工方试验报告；（d）出厂报告

依据为《电力装置安装工程电气设备交接试验标准》（GB 50150—2016）。

（1）直流电阻：相间电阻差距不大于三相平均值的 4%。线间电阻差别不大于三相平均值的 2%。

（2）绝缘电阻：换算至同一温度下，与前一次测试结果对比应无明显变化。

（3）交流耐压值：10kV 交流耐受电压 28kV，干式电力变压器交流耐受电压 28kV，时间 1min，测试情况说明：

1）直流电阻测试数据在要求标准误差范围之内。

2）绝缘电阻测试工频耐压测试前后的电阻值没有明显变化。

3）按照标准要求的测试耐压，工频耐压测试后没有发生击穿、闪络、发热现象。

第三节 现场施工质量管理

一、杆塔组立

1. 基坑开挖

（1）规程规定，15m 及以下的水泥电杆埋深为 1/10 杆高 +700（单位为 mm），如：10m 电杆，即 1/10×10000+700=1700（mm）=1.7（m）。电杆基础坑深度的允许偏差应为 +100mm、–50mm。

（2）基坑夯实平整后安装底盘。先确定底盘中心，以底盘中心点为圆心，以电杆根部半径为半径在底盘上画圆，作为电杆组立时的定位标记。底盘放置在坑底中心，距四边距应相同［见《配电网施工检修工艺规范》（Q/GDW 10742—2016）］，如图 3–15 所示。

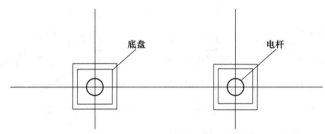

图 3–15 电杆底盘

2. 台架杆就位

配电变台采用等高杆方式，电杆采用非预应力混凝土杆。台区两基坑根开 2.5m，中心偏差不应超过 ±30mm。两杆坑深度高差不应超过 20mm，如图 3–16 所示。

图 3–16 基础根开

3. 基础回填

基础回填土时，土块应打碎，基础每回填 300mm 应夯实一次。回填后的电杆基础坑宜设置防沉土台，如图 3–17 所示。

图 3-17　防沉土台

二、变压器安装

1. 横担安装

　　线路所采用的铁横担、铁附件均应热镀锌，横担安装应平正，偏差应符合要求。横担端部上下歪斜不大于 20mm，左右扭斜不大于 20mm。双杆横担与电杆连接处的高差不大于连接距离的 5/1000，左右扭斜不大于横担长度的 1/100。变压器槽钢对地距离不小于 3.4m，配电变压器底部应采用 2 根 80cm 长的 10 号槽钢侧放安装变压器，侧放槽钢须与台架槽钢采用螺栓固定，固定槽钢规格不小于 14 号，安装槽钢时可先把槽钢一端对合抱箍（－10×100 托箍）的尺寸量好收紧，作为基准高度，另一侧抱箍高于基准高度 5~10cm，不要收死，待槽钢安装后，冲击其下沉至基准高度，再依次收紧抱箍螺栓，对夹螺杆等，如图 3-18 所示。

变压器槽钢离地距离 3.4m

图 3-18　横担安装

2. 变压器就位

　　变压器安装应符合设计图纸的要求，柱上变压器固定方式采用 2 块连接片、4 个双头螺杆固定在槽钢上，变压器安装固定在槽钢中心，如图 3-19 所示。

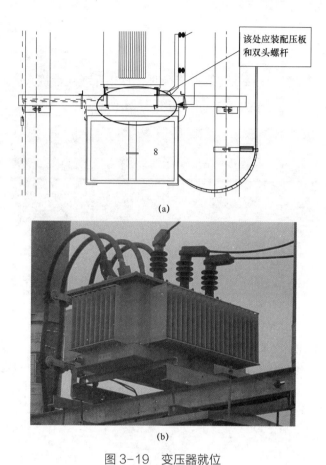

图 3-19　变压器就位

（a）固定方式图；（b）现场严格按照典设作业

3. 相位核对

变压器、JP 箱进出线施工前需对电缆进行核项试验，并进行相色标注，如图 3-20 所示。

图 3-20　相色标注

三、进出线安装

（1）高压引下线使用异形并沟线夹连接时，每相导线连接接头应使用 2 个，且接头朝向电源侧，两并沟线夹间距为 100mm，如图 3-21 所示。

图 3-21　异形线夹

（2）电缆垂直固定支架间距应不大于 1.6m，使电缆固定牢固，受力均匀，电缆在支架上固定时应加装绝缘垫层，如图 3-22 所示。

图 3-22　支架固定

（3）搭接处均应连接牢固，引线、电缆搭接前应将导线、电缆等整理平整，保持松弛状态，切不可以利用螺栓强行将导线或电缆与设备桩头搭接，无法顺位时，可考虑利用外接导线等形式将桩头改变方向，以满足搭接要求，搭接中应保持导线的绞向紧密。

四、变压器绝缘护套安装

所有裸露部分均要加装绝缘护套，护套安装时要理顺接头，不能产生搭接角度，否则会出现护套安装不到位、开裂等现象。所有绝缘护套在安装后，若没有有效遮蔽其应绝缘遮蔽的范围，必须采用其他绝缘方式进行修补完善。配电变压器桩头护套形状应与桩头形状吻合、合理美观遮蔽、不混用。安装时扣件应正确到位，相色与变压器相位一致。绝缘护罩允许拆装重复使用，如图 3-23 所示。

变压器桩头
绝缘护套

图 3-23 绝缘护套

五、避雷器安装

（1）避雷器相间距离不应小于 35cm。与电气部分连接，不应使避雷器产生外加应力（不当支柱使用）。安装在支架上的避雷器应垂直，排列整齐，高低一致，固定可靠。避雷器必须垂直安装，倾斜角不应大于 15° 倾斜度小于 2%。正装模式中，避雷器与熔断器必须安装在电杆两侧，如图 3-24 所示。

避雷器相间距离不应小于 35cm

图 3-24 避雷器间距

（2）避雷器的安装位置距变压器端盖应大于 0.5m，小于 4m，如图 3-25 所示。

图 3-25　避雷器间距

六、避雷器引线安装

引线应短而直，引线相间距离不应小于 30cm，对杆身、构件距离不应小于 20cm。采用绝缘线时，其截面应符合以下规定：①引上线，铜线不小于 $16mm^2$、铝线不小于 $25mm^2$；②引下线，铜线不小于 $25mm^2$、铝线不小于 $35mm^2$。避雷器的引线与导线连接要牢固，紧密接头长度不应小于 100mm，如图 3-26 所示。

图 3-26　避雷器引线

七、避雷器绝缘护套安装

应根据避雷器安装的位置，正确使用单出线或终端式避雷器绝缘护套，避雷器一侧出线选择单向护套，避雷器两侧出线选择双向护套，严禁混用。引线整理应顺当平整，避雷器护套应安装到位。安装时扣件应正确到位，相色与变压器相位一致。绝缘护罩允许拆装重复使用，如图 3-27 所示。

图 3-27　避雷器绝缘护套

八、跌落式熔断器安装

（1）跌落式熔断器水平相间距离不应小于 50cm，跌落式熔断器轴线与地面的垂线夹角为 15°～30°。操作应灵活可靠，接触紧密，合跌落式熔断器管时上触头应有一定的压缩行程，如图 3-28 所示。

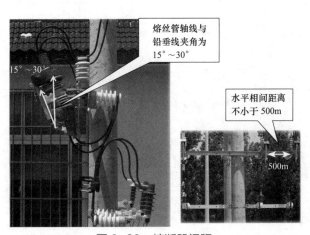

图 3-28　熔断器间距

（2）跌落式熔断器的安装位置距避雷器应大于 0.7m，如图 3-29 所示。

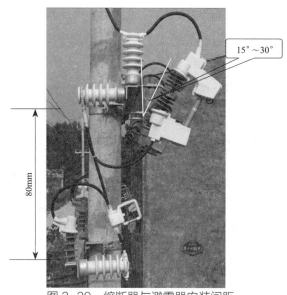

图 3-29　熔断器与避雷器安装间距

九、引线安装

接后留有裕度，接线桩头与引线的连接应采用线夹、线鼻等，铜铝连接时应有过渡措施，熔断器上下桩头均要求安装护罩，严禁未经压接直接将导线压入熔断器桩头内压紧（如遇压槽式跌落，需将压槽舍弃），如图 3-30 所示。

图 3-30　熔断器引线与引线、构件、杆身间距

十、熔断绝缘护套安装

正确安装熔断器的绝缘护套。安装时扣件应正确到位，相色与变压器相位一致。绝

缘护罩允许拆装重复使用，如图 3-31 所示。

图 3-31　熔断器绝缘护套

十一、JP 柜安装

1. JP 柜就位

JP 柜底部对地距离不小于 2m，如图 3-32 所示。

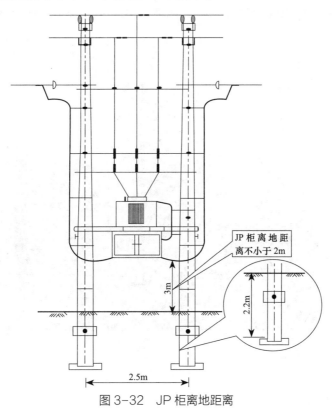

JP 柜离地距离不小于 2m

3m

2.2m

2.5m

图 3-32　JP 柜离地距离

2. JP 柜固定

JP 柜安装固定在槽钢中心，采用双头螺杆固定在槽钢上，如图 3-33 所示。

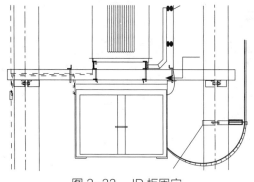

图 3-33　JP 柜固定

3. JP 柜进出线敷设

低压配电箱进线采用软电缆 ZC-YJV-0.6/1kV-1×300，通过安装支架引入配电箱，出线为电压电缆 YJV22-0.6/1-4×150 入地后沿杆身搭接低压干线，套钢管。JP 柜进出线使用电缆时，其弯曲弧度不小于直径 15 倍。使用绝缘导线时，其弯曲弧度不小于直径 20 倍。JP 柜进出线电缆或绝缘线的弧垂最低点，应低于 JP 柜进出线孔，如图 3-34 所示。

图 3-34　JP 柜进出线

4. 柜内二次接线

JP 柜内 TTU 安装二次接线应整齐、顺直，如图 3-35 所示。

图 3-35　二次接线

5. 封堵

配电箱的进出线口必须进行封堵，如图 3-36 所示。

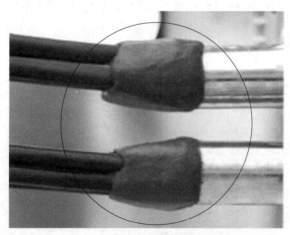

图 3-36　封堵

十二、接地安装

1. 接地环安装

接地环使用铜铝并沟线（JBTL-16-120）安装于 10kV 跌落下端与避雷器引线之间，安装完成后距跌落下端弧形引线保持 300mm 净空距离。铜铝并沟线夹与导线连接点应装设绝缘防护罩。各相验电接地环的安装点距离绝缘导线固定点的距离应一致，如图 3-37 所示。

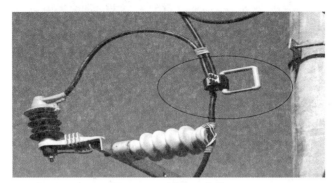

图 3-37　接地环安装

2. 环形接地安装

接地网应在变台电杆周边，呈环形布置，其边长为 5m 的四边圆角矩形。接地网槽深度不小于 600mm（对可耕种土地不低于 800mm），宽度不小于 400mm。垂直接地体（4 个）与水平接地体之间采用三面焊接法，焊接长度不小于扁钢宽度的 2 倍。水平接地体之间采取搭接焊接，采用焊接时搭接长度应满足：扁钢搭接为其宽度的 2 倍，圆钢搭接为其直径的 6 倍，扁钢与圆钢搭接时长度为圆钢直径的 6 倍。接地引上线下端与水平接地体连接时，应满足焊接时搭接长度，所有焊接处要做防腐处理，如图 3-38 所示。

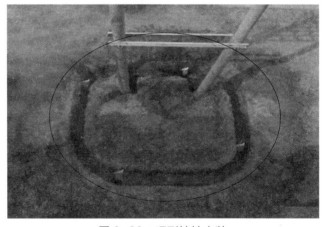

图 3-38　环形接地安装

3. 设备接地安装

典设中避雷器接地、变压器外壳接地、JP 柜外壳接地、变压器中性点接地的引线应四位一体，即共同引入 1 个接地引线。配电变压器低压侧中性点的工作接地电阻，一般不大于 4Ω。三相避雷器底部应使用 BV–35mm² 铜芯绝缘导线短接后引入接地装置，如图 3–39 所示。

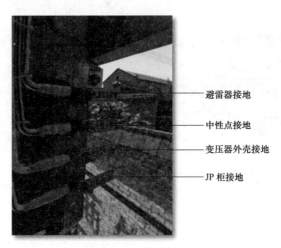

避雷器接地

中性点接地

变压器外壳接地

JP 柜接地

图 3–39　设备接地

4. 屏蔽线安装

　　线路接地线应统一从顺线路方向中心偏左 5cm 位置引下（内侧），引线应整齐笔直，接地线采用铜铝线鼻压接，与接地扁铁螺栓连接，接地扁铁高出地面 2.7m，刷 20cm 相间的黄绿油漆圈。

5. 接地电阻的测量

　　线路接地电阻不得大于 10Ω，如图 3–40 所示。

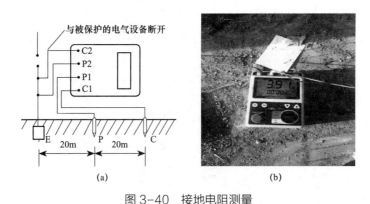

与被保护的电气设备断开

C2
P2
P1
C1

E　20m　P　20m　C

（a）　　　　　　　（b）

图 3–40　接地电阻测量

（a）测量原理图；（b）测量数值

第四节　工程资料收集

一、资料收集依据

《国家电网公司关于进一步加强农网工程项目档案管理的意见》（国家电网办〔2016〕1039号）。

施工单位报送监理项目部文件及要求（见附录22）。

二、监理资料收集类别

（1）日志。

（2）旁站记录表（安全1、质量）。

（3）监理检查记录表。

（4）通知单、联系单。

（5）竣工预验收注意事项。

（6）数码照片。

（7）配电网工程档案归档要求（见附录23）

第四章 架空配电线路及设备

第一节 工序划分

架空配电线路及设备工序划分见表4-1。

表4-1　　　　　　　　　　　架空配电线路及设备工序划分表

序号	工序		质量			安全		
			W	H	S	W	H	S
1	工作票	签发、许可手续						
		人员核查						
		工作范围						
		安全措施					√	
		工作票交底				√		
		杆、线遗留物						
		施工区域人员撤离						
		接地线拆除				√		
2	方案落实情况检查	方案交底				√		
		施工机械、工具						
		作业过程						
3	灌注桩基础	成孔						
		钢筋笼制作及入孔						√
		混凝土浇筑			√			
		接地埋设						
4	开挖式基础	基础开挖						
		钢筋绑扎						
		模板制作及安装						

续表

序号	工序		质量			安全		
			W	H	S	W	H	S
4	开挖式基础	混凝土浇筑			√			
		接地埋设						
		基础回填						
5	钢管杆组立	吊装						√
		螺栓紧固						
		接地连接						
	水泥杆组立	吊装						√
		基础回填						
		拉线						
6	导线、金具和绝缘子	导线展放						
		金具安装						
		绝缘子安装						
7	杆上隔离开关、杆上开关	隔离开关安装						
		柱上开关安装						
8	接地装置	接地环安装						
		设备接地安装						
		屏蔽线安装						

注 W 为见证点；H 为停工待检点；S 为旁站点。

第二节 现场安全管理

一、工作票

（1）工作票应由工作票签发人审核，手工或电子签发后方可执行。工作许可人许可工作开始应通知工作负责人，通知方式有当面许可、电话许可和派人送达三种。工作票由工作负责人填写，也可由工作票签发人填写。一张工作票中，工作票签发人、工作许可人和工作负责人三者不得为同一人。工作许可人中只有现场工作许可人（作为工作班成员之一，进行该工作任务所需现场操作及做安全措施者）可与工作负责人相互兼任，若相互兼任，应具备相应的资质，并履行相应的安全责任，如图 2-1 所示。

（2）现场核查施工人员是否与工作票一致，如图 2-2 所示。

（3）现场核查施工区域是否在工作票工作范围内，严禁超出工作票工作范围施工，如图 3-1 所示。

（4）施工作业现场，应在工作地点四周装设围栏，其出入口要围至邻近道路旁边，并设有"从此进入"标示牌，如图 3-6 所示。

（5）验电应由两人进行，其中一人应为监护人。人体与被验电的线路、设备的带电部位应保持足够的安全距离。工作人员进行高压验电时应戴绝缘手套、穿绝缘鞋；验电器的伸缩式绝缘棒长度应拉足，验电时手应握在手柄处，不得超过护环，如图 3-7 所示。

（6）装设接地应由两人进行，其中一人应为监护人。装设接地线均应使用绝缘棒并戴绝缘手套，人体不得碰触接地线或未接地的导线。装设的接地线应接触良好、连接可靠。装设接地线应先接接地端，后接导体端，如图 4-1 所示。

1）绝缘导线上悬挂接地，需将导线绝缘层剥开，接地体与导线牢固连接。

2）裸导线上悬挂接地，接地体应与导线牢固连接。

3）接地环上悬挂接地，接地体应与接地环牢固连接。

图 4-1　先接接地端、后接导体端

注：1. 插入深度不小于 60cm。
2. 接地棒扣入接地环。

（7）核接地与现场勘察图是否一致，如图 3-9 所示。

（8）挂设接地时人体与带电设备安全距离，见表 4-2。

表 4-2 高压线路、设备不停电时的安全距离

电压等级（kV）	10	20、35	66、110
安全距离（m）	0.7	1.0	1.5

（9）接地线挂设位置必须与工作票一致，如图 3-10 所示。

（10）工作前，工作负责人对工作班成员进行工作任务、安全措施交底和危险点告知；工作班成员应熟悉工作内容、工作流程，掌握安全措施，明确工作中的危险点，并在工作票上履行交底签名确认手续，如图 3-2 所示。

（11）工作结束后，工作负责人应认真清理工作现场和人员，清点核实现场所挂的接地线（数量、编号）以及带到现场的个人保安线数量是否确已全部拆除，并准确填写已拆除的接地线编号、总组数及带到现场的个人保安线数量。确认工作班人员已全部撤离现场，材料工具已清理完毕，杆塔、设备上已无遗留物。工作终结报告应向所有的工作许可人报告（并录音）。应由工作负责人和工作许可人在工作票上签字，报告时间为双方核定的签字时间，如图 3-5 所示。

二、方案落实情况

（1）检查施工方案交底是否完善，如图 3-4 所示。

（2）施工过程中检查发现无生产许可证、产品合格证、安全鉴定证及生产日期的安全工器具，禁止使用。施工单位在作业前要现场核查施工机械、安全工器具是否满足施工要求。现场使用的安全工器具清单及检查内容，见表 4-3。

表 4-3 安全工器具清单及检查内容

安全工器具名称	检查内容	图片示例
安全帽	（1）永久标识和产品说明等标识清晰完整，安全帽的帽壳、帽衬（帽箍、吸汗带、缓冲垫及衬带）、帽箍扣、下颏带等组件完好无缺失。 （2）使用期从产品制造完成之日起计算，塑料帽不得超过两年半。 （3）任何人员进入生产、施工现场应正确佩戴安全帽。安全帽戴好后，应将帽箍扣调整到合适的位置，锁紧下颏带，防止作业中前倾后仰或其他原因造成滑落。安全帽近电报警器应置在帽子前沿，作业前必须打开到相应电压等级	

续表

安全工器具名称	检查内容	图片示例
安全带	商标、合格证和检验证等标识清晰完整，各部件完整无缺失、无伤残破损。安全带试验周期 1 年	
安全绳	安全绳应光滑、干燥，无霉变、断股、磨损、灼伤、缺口等缺陷。所有部件应顺滑，无材料或制造缺陷，无尖角或锋利边缘。护套（如有）应完整不破损。安全绳试验周期 1 年	
成套接地线	（1）接地线的两端夹具应保证接地线与导体和接地装置都能接触良好、拆装方便，有足够的机械强度，并在大短路电流通过时不致松脱。 （2）使用前应检查确认完好，禁止使用绞线松股、断股、护套严重破损、夹具断裂松动的接地线。 （3）成套接地线应用有透明护套的多股软铜线和专用线夹组成，接地线截面积应满足装设地点短路电流的要求，且高压接地线的截面积不得小于 $25mm^2$，低压接地线和个人保安线的截面积不得小于 $16mm^2$	
脚扣	金属部分是否变形，脚扣试验周期为 1 年	
验电笔	验电笔的各部件，包括手柄、护手环、绝缘元件、限度标记和接触电极、指示器和绝缘杆等均应无明显损伤。声光验电笔使用前需自测，验电笔的规格应符合被操作设备的电压等级。验电笔试验周期为半年	

续表

安全工器具名称	检查内容	图片示例
绝缘杆	绝缘杆应清洁、光滑，绝缘部分应无气泡、皱纹、裂纹、划痕、硬伤、绝缘层脱落、严重的机械或电灼伤痕。伸缩型绝缘杆各节配合合理，拉伸后不应自动回缩。绝缘杆（令克棒）试验周期为1年	
绝缘隔板	应使用试验合格的绝缘隔板，用于10kV电压等级时，绝缘隔板的厚度不得小于3mm。试验周期为1年	
绝缘手套	应柔软、接缝少、紧密牢固，长度应超过衣袖。使用前应检查无黏连破损，气密性检查不合格者不得使用。试验周期为半年。绝缘手套是否满足当前施工电压等级需要	
绝缘靴（鞋）	电绝缘靴（鞋）由天然橡胶加工而成，试验周期为半年	
梯子（竹、木）	梯子应放置稳固，梯脚要有防滑装置。梯子与地面的夹角应为60°左右，作业人员应在距梯顶1m以下的梯蹬上作业。人字梯应具有坚固的铰链和限制开度的拉链。试验周期为半年	

（3）开工前检查施工概况牌、现场管理纪律牌、施工告知牌、"十不干"等标示牌，安全工器具、施工材料等要有绝缘垫铺垫，现场配置安全急救箱，自带垃圾桶，做到"工完料净场地清"，如图 3-5 所示。

（4）临时用电检查。

施工现场临时用电专用的电源中性点直接接地 220/380V 三相四线制低压电力系统，必须符合下列规定：

1）采用三级配电系统。

2）采用 TN-S 接零保护系统，如图 4-2 所示。

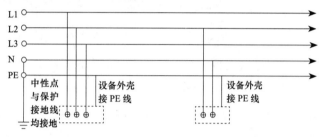

图 4-2 TN-S 接零保护系统示意图

3）采用二级漏电保护系统。

4）线缆应架空敷设或入地。

（5）起重作业检查。

1）检查操作人员是否经过培训并持证上岗。

2）作业前应将地面处理平坦放好支腿，调平机架，如支腿未完全伸出时，禁止作业。

3）应检查起重吊装所使用的起重机滑轮、吊索、卡环是否完好。

4）起重作业前检查起重机械是否设置接地。

5）起重机作业时，起重臂下、吊钩和被吊重物下面严禁站人或通行，回转台上严禁站人。

（6）起重机吊较重物件时，应先将重物吊离地面 10cm 左右，检查起重机的稳定性和制动器等是否灵活有效，在确认正常安全情况下，方可继续工作。

三、作业工序

1. 基础施工

（1）灌注桩基础。监理检查要点：钻机布置、钻机传动装置安全防护、钻机作业过程安全控制、泥浆护壁钻孔护筒设置、人工挖孔注意事项。

1）检查钻机放置是否平稳牢靠，是否有防止桩机移位或下陷的措施，作业时应保证机身不摇晃、不倾倒，如图 4-3 所示。

图 4-3　钻机放置

2）钻机机械就位后，应检查钻机临时用电设置是否符合要求，检查钻机的传动装置是否设置保护罩，检查钻机电缆线接头是否绑扎牢固，确保不透水、不漏电。

3）钻机启动后，应将操纵杆置空挡位置，空转运行，经检查确认无误后再进行作业。作业时，发生机架摇晃、移动、偏斜等情况，应立即停钻，查明原因，处理后再进行作业。

4）钻孔作业时应检查孔顶是否埋设钢护筒及其埋深，埋深应不小于 1m。不得超负荷进钻。更换钻杆、钻头（钻锤）或放置钢筋笼、接导管时，应采取措施防止物件掉落孔里，如图 4-4 所示。

5）钻孔使用的泥浆，应设置泥浆循环净化系统，并注意防止或减少环境污染。

6）人工挖孔作业。

a. 每日开工下孔前，施工单位是否使用专用仪器检测孔内空气。当存在有毒、有害气体时，应首先排除，不得用纯氧进行通风换气。

图 4-4　护筒设置

b. 检查孔上下是否有可靠的通话联络。孔下作业不得超过两人，每次不得超过 2h。孔上应设专人监护。

c. 下班时，检查施工单位是否盖好孔口或设置安全防护围栏。作业人员在孔内上下递送工具物品时，不得抛掷，应采取措施防止物件落入孔内。人员上下应用软梯，如图 4-5 所示。

井内上下爬梯

图 4-5　井内上下爬梯

d. 人力挖孔和绞磨提土操作应设专人指挥，并密切配合，绞架刹车装置应可靠。吊运土方时孔内人员应靠孔壁站立。提土斗应为软布袋或竹篮等轻型工具，吊运土不得满装，防提升掉落伤人。

e. 挖出的土石方应及时运离孔口，不得堆放在孔口四周 1m 范围内，堆土高度不应超过 1.5m。

f. 机动车辆的通行不得对井壁的安全造成影响。

g. 挖孔完成后，应当天验收，并及时将桩身钢筋笼就位和浇筑混凝土。暂停施工的孔口应设通透的临时网盖。

（2）钢筋笼制作及入孔。监理检查要点：钢筋笼制作过程中临时用电、电焊机设备及焊接操作检查。钢筋笼吊装起重设备检查及邻近带电作业注意事项：

1）钢筋笼制作时应检查临时用电布置是否符合要求，电焊机是否检验合格，作业时设备接地是否按要求设置。电焊机应放在通风、干燥处，放置平稳。电焊机、焊钳、电源线以及各接头部位要连接可靠，电焊机与焊钳间导线长度不得超过30m，如特殊要求时，也不得超过 50m。

2）钢筋笼吊装前应先检查起重设备是否放置稳固，起重设备是否设置接地，吊钩装置是否完整，卸扣是否齐全，吊车吊绳是否完好无损伤，如图 4-6 所示。

图 4-6　吊车布置

在邻近带电体作业时,应进行现场勘测,确保钢筋笼及吊装设备与带电体的安全距离。起吊安放钢筋笼应有专人指挥。先将钢筋笼运送到吊臂下方,吊点应设在笼上端,平稳起吊,专人拉好控制绳,不得偏拉斜吊,如图 4-7 所示。

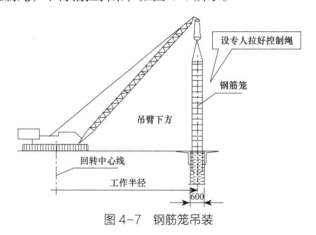

图 4-7　钢筋笼吊装

（3）开挖式基础。监理检查要点:现场安全文明施工布置、基础开挖过程应注意事项及挖机作业注意事项。

1）检查施工区域是否设置围栏及安全标志牌,夜间是否挂警示灯。在居民区及交通道路附近开挖的基坑,应设坑盖或可靠遮栏,加挂警告标示牌,夜间挂警示灯。围栏离坑边不得小于 0.8m。夜间施工应设置足够的照明,并设专人监护。

2）杆塔基础附近开挖时,应随时检查杆塔稳定性。若开挖影响杆塔的稳定性时,应在开挖的反方向加装临时拉线,开挖基坑未回填时禁止拆除临时拉线。

3）基坑应有可靠的扶梯或坡道,作业人员不得攀登挡土板支撑上下,不得在基坑内休息。

4）堆土应距坑边 1m 以外,高度不得超过 1.5m。

5）挖掘机开挖时遵守以下规定:①应避让作业点周围的障碍物及架空线;②禁止人

员进入挖斗内，禁止在伸臂及挖斗下面通过或逗留；③不得利用挖斗递送物件；④暂停作业时，应将挖斗放到地面；⑤挖掘机作业时，在同一基坑内不应有人员同时作业。

（4）钢筋绑扎。监理检查要点：钢筋的搬运、上下传递。

1）施工过程中钢筋搬运、堆放应与电力设施保持安全距离，严防碰撞。搬运时应注意钢筋两端摆动，防止碰撞物体或打击人身。人工上下垂直传递时，上下作业人员不得在同一垂直方向上，送料人员应站立在牢固平整的地面或临时建筑物上，接料人员应有防止前倾的措施，必要时应系安全带。

2）现场施工的照明电线及工器具电源线不准挂在钢筋上。

（5）模板制作及安装。监理检查要点：模板支撑材料质量、模板拼装过程、模板拆除过程及拆除模板的放置。

1）检查模板支撑杆件，所用材质能满足杆件的抗压、抗弯强度。支撑高度超过 4m 时，应采用钢支撑，不得使用锈蚀严重、变形、断裂、脱焊、螺栓松动的钢支撑。

2）木杆支撑宜选用长料，同一柱的联结接头不宜超过 2 个。立柱不得使用腐朽、扭裂、劈裂的木材、竹材。

3）模板支架立杆底部应加设满足支撑承载力要求的垫板，不得使用砖及脆性材料铺垫。

4）拼装模板时，不得站在模板上操作，并不得在模板上行走。

5）向坑槽内运送材料时，坑上坑下应统一指挥，使用溜槽或绳索向下放料，不得抛掷。

6）模板拆除应在混凝土达到设计强度后方可进行。拆模前应清除模板上堆放的杂物，在拆除区域划定并设警戒线，悬挂安全标志，设专人监护，非作业人员不得进入。

7）拆模作业应按后支先拆、先支后拆，先拆侧模、后拆底模，先拆非承重部分、后拆承重部分的原则逐一拆除。

8）拆下的模板应及时清理，所有朝天钉均拔除或砸平，不得乱堆乱放，禁止大量堆放在坑口边，应运到指定地点集中堆放。

（6）混凝土浇筑。监理检查要点：混凝土驳运、卸料、振捣及夜间施工注意事项。

1）手推车运送混凝土时，装料不得过满，斜道坡度不得超过 1∶6。卸料时，不得用力过猛和双手放把。用翻斗车运送混凝土，不得搭乘人员，车就位和卸料要缓慢。

2）卸料时基坑内不得有人，不得将混凝土直接翻入基坑内。

3）投料高度超过 2m 时，应使用溜槽，如图 4-8 所示。

4）浇筑中应随时检查模板、脚手架的牢固情况，发现问题，及时处理。

5）振捣作业人员应穿好绝缘靴、戴好绝缘手套。搬动振动器或暂停作业应将振动器电源切断。不得将运行中的振动器放在模板上。作业时不得使用振动器冲击或振动钢筋、模板及预埋件等。

溜槽
投料

图 4-8　溜槽投料

6）浇筑作业完成后，应及时清除混凝土余浆、垃圾，并不得随意抛掷、倾倒。

7）夜间施工应配置充足照明，施工区域应设置标准路栏，使用警示灯。

2. 杆塔组立

监理检查要点：人员到岗到位，安全围栏设置、起重设备设置、临近带电作业注意事项及吊装过程。

（1）杆塔组立时检查施工单位是否设专责监护人，施工过程中应有专人指挥、信号统一、口令清晰、统一行动。

（2）组塔作业区域应设置提示遮栏等明显安全警示标志，非作业人员不得进入作业区。

（3）起重机作业位置的地基应稳固，附近的障碍物应清除。

（4）检查起重设备是否接地，起重机放置应稳固，土质松软处，撑脚下方应设置垫木，检查起重设备吊钩处卸扣是否完整。在电力线附近组塔时，起重机应接地良好。起重机及吊件、牵引绳索和拉绳与带电体的最小安全距离应符合的规定见表4-4。

表 4-4　　　　　　　　　　　设备与带电体最小安全距离

电压等级（kV）	安全距离（m）	电压等级（kV）	安全距离（m）
10 及以下（13.8）	0.7	±50 及以下	1.5
20、35	1	±400	5.9
60、110	1.5	±500	6
220	3	±660	8.4

续表

电压等级（kV）	安全距离（m）	电压等级（kV）	安全距离（m）
330	4	±800	9.3
500	5		
750	7.2		
1000	8.7		

注　1.　±400kV 数据是按海拔 3000m 校正的，海拔 4000m 时安全距离为 6m。

　　2. 750kV 数据是按海拔 2000m 校正的，其他数据按海拔 1000m 校正。

　　3. 表中未列电压等级按高一挡电压等级的安全距离执行。

（5）起重臂下和重物经过的地方禁止有人逗留或通过。

（6）吊件螺栓应全部紧固，吊点绳、承托绳、控制绳及内拉线等绑扎处受力部位，不得缺少构件。

（7）吊件离开地面约 100mm 时应暂停起吊并进行检查，确认正常且吊件上无搁置物及人员后方可继续起吊，起吊速度应均匀。

（8）除指挥人及指定人员外，其他人员应在杆塔高度的 1.2 倍距离以外。

（9）立杆及修整杆坑，应采用拉绳、叉杆等控制杆身倾斜、滚动。

（10）已经立起的杆塔，回填夯实后方可撤去拉绳及叉杆。

3. 导线、金具和绝缘子

监理检查要点：高空作业安全防护用品的佩戴使用、杆塔的稳固性、特殊天气作业要求。

（1）高处作业人员应正确使用安全带，宜使用全方位防冲击安全带，杆塔组立施工等高处作业时，应采用速差自控器等后备保护设施。安全带及后备防护设施应高挂低用。高处作业过程中，应随时检查安全带绑扎的牢靠情况，如图 4-9 所示。

图 4-9　高空作业

（2）登杆塔前，应做好以下工作：

1）检查杆根、基础和拉线是否牢固。

2）遇有冲刷、起土、上拔或导地线、拉线松动的杆塔，应先培土加固、打好临时拉线或支好架杆。

3）检查登高工具、设施（如脚扣、升降板、安全带、梯子和脚钉、爬梯、防坠装置等）是否完整牢靠。

4）攀登有覆冰、积雪、积霜、雨水的杆塔时，应采取防滑措施。

（3）杆塔作业应禁止以下行为：

1）攀登杆基未完全牢固或未做好临时拉线的新立杆塔。

2）携带器材登杆或在杆塔上移位。

3）利用绳索、拉线上下杆塔或顺杆下滑。

（4）杆塔上作业应注意以下安全事项：

1）作业人员攀登杆塔、杆塔上移位及杆塔上作业时，手扶的构件应牢固，不得失去安全保护，并有防止安全带从杆顶脱出或被锋利物损坏的措施。

2）在杆塔上作业时，宜使用有后备保护绳或速差自锁器的双控背带式安全带，安全带和保护绳应分挂在杆塔不同部位的牢固构件上。

3）上横担前，应检查横担腐蚀情况、联结是否牢固，检查时安全带（绳）应系在主杆或牢固的构件上。

4）在人员密集或有人员通过的地段进行杆塔上作业时，作业点下方应按坠落半径设围栏或其他保护措施。

5）杆塔上下无法避免垂直交叉作业时，应做好防落物伤人的措施，作业时要相互照应，密切配合。

6）五级及以上的大风以及暴雨、雷电、冰雹、大雾、沙尘暴等恶劣天气下，禁止线路杆塔上作业。

4. 导线展放

监理检查要点：导线展放设备、工器具、线盘放置、人员到岗到位及展放过程。

（1）导线牵引设备应放置平稳，牵引设备的锚固应使用地锚或地钻。牵引绳应从卷筒下方卷入，且排列整齐，通过磨芯时不得重叠或相互缠绕，在卷筒或磨芯上缠绕不得少于5圈，绞磨卷筒与牵引绳最近的转向滑车应保持5m以上的距离。

（2）线盘架应稳固，转动灵活，制动可靠。必要时打上临时拉线固定。

（3）穿越滑车的引绳应根据导、地线的规格选用。引绳与线头的连接应牢固。穿越时，作业人员不得站在导线、地线的垂直下方。

（4）线盘或线圈展放处，应设专人传递信号。

（5）作业人员不得站在线圈内操作。线盘或线圈接近放完时，应减慢牵引速度。

（6）机械牵引放线时导引绳或牵引绳的连接应用专用连接工具。牵引绳与导线、地线连接应使用专用连接网套或专用牵引头，如图4-10所示。

图4-10　导线连接网套

（7）导线、地线被障碍物卡住时，作业人员应站在线弯的外侧，并应使用工具处理，不得直接用手推拉。

（8）人力放线应遵守下列规定：

1）领线人应由技工担任，并随时注意前后信号。拉线人员应走在同一直线上，相互间保持适当距离。

2）通过河流或沟渠时，应由船只或绳索引渡。

3）通过陡坡时，应防止滚石伤人。遇悬崖险坡应采取先放引绳或设扶绳等措施。

4）通过竹林区时，应防止竹桩或树桩尖扎脚。

（9）钳压机压接应遵守下列规定：

1）手动钳压机应有固定设施，操作时平稳放置，两侧扶线人应对准位置，手指不得伸入压模内。

2）切割导线时线头应扎牢，并防止线头回弹伤人。

（10）液压机压接应符合下列规定：

1）使用前检查液压钳体与顶盖的接触口，液压钳体有裂纹者不得使用。

2）液压机启动后先空载运行，检查各部位运行情况，正常后方可使用。压接钳活塞起落时，人体不得位于压接钳上方。

3）放入顶盖时，应使顶盖与钳体完全吻合，不得在未旋转到位的状态下压接。

4）液压泵操作人员应与压接钳操作人员密切配合，并注意压力指示，不得过荷载。

5）液压泵的安全溢流阀不得随意调整，且不得用溢流阀卸荷。

（11）高空压接应遵守以下规定：

1）压接前应检查起吊液压机的绳索和起吊滑轮完好，位置设置合理，方便操作。

2）液压机升空后应做好悬吊措施，起吊绳索作为二道保险。

3）高空人员压接工器具及材料应做好防坠落措施。

4）导线应有防跑线措施。

（12）紧线的准备工作应遵守下列规定：

1）杆塔的部件应齐全，螺栓应紧固。

2）紧线杆塔的临时拉线和补强措施以及导线临锚应准备完毕。

（13）紧线过程中监护人员应遵守下列规定：

1）不得站在悬空导线、地线的垂直下方。

2）不得跨越将离地面的导线或地线。

3）监视行人不得靠近牵引中的导线或地线。

4）传递信号应及时、清晰，不得擅自离岗。

（14）展放余线的人员不得站在线圈内或线弯的内角侧。

（15）导线、地线应使用卡线器或其他专用工具，其规格应与线材规格匹配，不得代用。

（16）耐张线夹安装应遵守下列规定：

1）高处安装耐张线夹时，应采取防止跑线的可靠措施。

2）在杆塔上割断的线头应用绳索放下。

3）地面安装耐张线夹时，导线锚固应可靠。

（17）挂线时，当连接金具接近挂线点时应停止牵引，然后作业人员方可从安全位置到挂线点操作。

（18）挂线后应缓慢回松牵引绳，在调整拉线的同时应观察耐张金具串和杆塔的受力变形情况。

5. 附件安装

监理检查要点：工器具、高处作业劳动防护用品的佩戴和使用。

（1）附件安装前，作业人员应对专用工具和安全用具进行外观检查，不符合要求者不得使用。

（2）相邻杆附件安装时，安全绳或速差自控器应拴在横担主材上。作业点垂直下方不得有人。

（3）提线工器具应挂在横担的施工孔上提升导线。无施工孔时，承力点位置应满足受力计算要求，并在绑扎处衬垫软物。

（4）附件安装时，安全绳或速差自控器应拴在横担主材上。

（5）在跨越电力线、铁路、公路或通航河流等的线段杆塔上安装附件时，应采取防止导线或地线坠落的措施。

（6）作业人员应在装设个人保安接地线后，方可进行附件安装。

6. 柱上隔离开关、柱上开关安装

监理检查要点：高处作业安全防护用品佩戴和使用以及吊装设备布置。

（1）高处作业人员应衣着灵便，衣袖、裤脚应扎紧，穿软底防滑鞋，并正确佩戴个人防护用具。

（2）高处作业人员应正确使用安全带，宜使用全方位防冲击安全带，安全带及后备防护设施应高挂低用。高处作业过程中，应随时检查安全带绑扎的牢靠情况。

（3）安全带使用前应检查是否在有效期内，是否有变形、破裂等情况，禁止使用不合格的安全带。

（4）高处作业所用的工具和材料应放在工具袋内或用绳索拴在牢固的构件上，较大的工具应系保险绳。上下传递物件应使用绳索，不得抛掷。

（5）高处作业人员不得骑坐在栏杆上，不得站在栏杆外作业或凭借栏杆起吊物件。

（6）起重机械操作人员应持证上岗。

（7）起重作业应由专人指挥，分工明确。

（8）起重机械的各种监测仪表以及制动器、限位器、安全阀、闭锁机构等安全装置应完好齐全、灵敏可靠，不得随意调整或拆除。禁止利用限制器和限位装置代替操纵机构。

（9）起吊物体应绑扎牢固，吊钩应有防止脱钩的保险装置，如图 4-11 所示。

图 4-11　防止脱钩的保险装置

第三节　现场施工质量管理

一、灌注桩基础

1. 成孔

监理检查要点：成孔深度、泥浆护壁、孔径。

（1）使用测孔绳、钢卷尺等测量工具检查成孔的孔深、孔径是否符合设计图纸要求。

（2）灌注桩成孔施工的允许偏差应满足的要求见表4-5。

表4-5　　　　　　　　　　　　　　　灌注桩成孔施工允许偏差

成孔方法		桩径偏差（mm）	垂直度允许偏差（%）	桩位允许偏差（mm）	
				1~3根桩、条形桩基沿垂直轴线方向和群桩基础中的边桩	条形桩基沿轴线方向和群桩基础的中间装
泥浆护壁钻、挖、冲孔桩	$d \leq 1000mm$	≤ -50	1	$d/6$ 且不大于100	$d/4$ 且不大于150
	$d > 1000mm$	-50		$100+0.01H$	$150+0.01H$
锤击（振动）沉管振动冲击沉管成孔	$d \leq 500mm$	-20	1	70	150
	$d > 500mm$			100	150
螺旋钻机动洛阳铲干作业成孔灌注桩		-20	1	70	150
人工挖孔	现浇混凝土护壁	± 50	0.5	50	150
	长钢套管护壁	± 20	1	100	200

注　1. 桩径允许偏差的负值是指个别断面。

　　2. H 为施工现场地面标高与桩顶设计标高的距离，d 为设计桩径。

（3）泥浆护壁成孔灌注桩施工，如图4-12所示。

1）在清孔过程中，应不断置换泥浆，直至浇注水下混凝土，并实时使用泥浆比重计测量泥浆比重。

2）浇筑混凝土前，孔底500mm以内的泥浆比重应小于1.25，含砂率不得大于8%，黏度不得大于28s。

3）在容易产生泥浆渗漏的土层中应采取维持孔壁稳定的措施。

4）废弃的浆、渣应进行处理，不得污染环境。

5）钻孔过程中应使用泥浆比重计测量孔内泥浆比重是否满足设计要求。

图 4-12　泥浆护壁钻孔

（4）旋挖成孔灌注桩的施工。

1）钻进过程中，应随时清理孔口积土，遇到地下水、塌孔、缩孔等异常情况时，应及时处理。

2）成孔达到设计深度后，孔口应予保护。

3）灌注混凝土前，应在孔口安放护孔漏斗，然后放置钢筋笼。

（5）人工挖孔灌注桩施工，如图 4-13 所示。

1）当桩净距小于 2.5m 时，应采用间隔开挖。

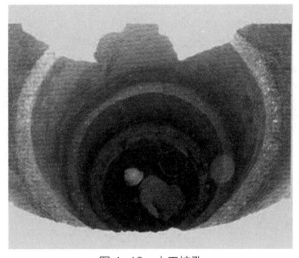

图 4-13　人工挖孔

2）人工挖孔桩混凝土护壁的厚度不应小于 100mm，混凝土强度等级不应低于桩身混凝土强度等级，并应振捣密实。护壁应配置直径不小于 8mm 的构造钢筋，竖向筋应上下搭接或拉接。

3）检查井圈护壁是否符合下列规定：护壁的厚度、拉接钢筋、配筋、混凝土强度等级均应符合设计要求；上下节护壁的搭接长度不得小于 50mm；每节护壁均应在当日连续施工完毕；护壁混凝土必须保证振捣密实，应根据土层渗水情况使用速凝剂；护壁模板的拆除应在灌注混凝土 24h 之后；发现护壁有蜂窝、漏水现象时，应及时补强；同一水平面上的井圈任意直径的极差不得大于 50mm。

2. 钢筋笼制作及入孔

监理检查要点：钢筋规格及数量、电焊条型号、主筋间距、箍筋间距、钢筋笼直径、钢筋笼长度、搭接方式。

（1）现场监理首先应检查使用主筋、内外箍筋钢筋规格、数量以及电焊条型号是否符合设计图纸和《钢筋焊接及验收规程》（JGJ 18—2012）的要求。

（2）钢筋笼制作、安装的质量检查是否符合下列要求：

1）检查钢筋笼的直径、钢筋间距、箍筋间距是否符合设计图纸要求，制作允许偏差应符合表的规定，见表 4-6。

表 4-6 钢筋笼制作允许偏差

项目	允许偏差（mm）
主筋间距	±10
箍筋间距	±20
钢筋笼直径	±10
钢筋笼长度	±100

2）钢筋笼主筋完成电弧焊后，应清除表面的焊渣，焊缝表面应平整，不得有凹陷或焊瘤。焊接接头区域不得有肉眼可见的裂纹，咬边深度、气孔、夹渣等缺陷允许值及接头尺寸的允许偏差，应符合《钢筋焊接及验收规程》（JGJ 18—2012）的规定。

3）钢筋对接焊处应检查刚接搭接长度是否满足规范要求（单边焊 10d，双面焊 5d）。

4）在任一焊缝长度区段内，同一根钢筋不得有两个接头，在该区段内的受力钢筋在受拉区其接头的截面面积占总面积的百分率不超过 50%。

（3）检查加劲箍规格、数量、间距是否满足设计图纸要求，如图 4-14 所示。

图 4-14 钢筋布置

（4）吊装过程中监理应要求施工人员采取防止钢筋笼变形的措施，入孔时尽可能垂直向下，防止钢筋笼插入孔壁泥土中，安放应对准孔位，避免碰撞孔壁和自由落下，就位后应立即固定。

（5）混凝土浇筑前，应检查是否设置钢筋保护球等装置，设置应符合规范及设计图纸要求。

二、开挖式基础

1. 基础开挖

监理检查要点：降水措施、基坑开挖深度、开挖尺寸及特殊地形监理处理方式。

（1）当地下水位较高需要降水时，检查施工单位是否根据周围环境情况采用降水措施。在不具备自然施工条件施工的地段开挖，应根据具体情况采用支护措施，土方施工应按设计方案要求分层开挖。

（2）现场检查基坑开挖深度，开挖尺寸，是否满足设计图纸要求，基坑底部是否平整，有无积水。

（3）遇到特殊地形，无法按原定施工方案实施开挖作业时，现场监理人员首先应要求施工单位停止作业，将现场情况及时反馈业主，由业主联系设计单位现场勘察地形之后，由设计单位出具设计变更图纸后，监理人员根据变更方案及图纸进行现场监理。

2. 钢筋绑扎

监理检查要点：钢筋的规格、尺寸、数量、钢筋保护层厚度。

（1）应检查钢筋是否符合《钢筋焊接及验收规程》（JGJ 18—2012），要求在同一连接区段内的接头错开布置，接头数量不得超过 50%。钢筋绑扎应牢固、均匀。

（2）检查钢筋的规格、尺寸、数量是否符合设计施工设计平面图所指定的位置。

（3）检查四周两行钢筋交叉点应每点绑扎牢固。中间部分交叉点可相隔交错扎牢，但必须保证受力钢筋不位移。双向主筋的钢筋网，则需交全部钢筋相交点扎牢。相邻绑扎点的钢丝扣成八字开，以免风片歪斜变形，如图 4-15 所示。

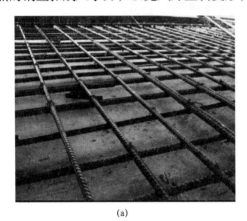
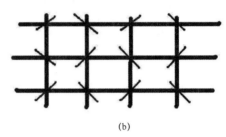

(a)   (b)

图 4-15　钢筋工程

（a）钢筋绑扎；（b）八字口绑扎示意图

（4）钢筋的弯钩应朝上，不要倒向一边。双钢筋网的上层钢筋弯钩应朝下。

（5）独立基础、为双向弯曲，其底面短向的钢筋应放在长向钢筋的上面。

（6）现浇柱与基础连用的插筋，其箍筋应比柱的箍筋小一个柱筋直径，以便连接。箍筋的位置一定要绑扎固定牢靠，以免造成柱轴线偏移。

（7）基础中纵向受力钢筋的混凝土保护层厚度不应小于 40mm，当无垫层时不应小于 700mm。

3. 模板制作及安装

监理检查要点：模板材质、模板的严密性、脱模措施、拆模。

（1）应检查模板制作及安装是否按照编制的模板设计文件和施工技术方案进行施工。应检查和维护模板及其支架，发现异常情况时，应按施工技术方案及时进行处理。在浇筑混凝土前，应对模板工程进行验收。

（2）模板的地坪、胎膜等应保持平整光洁，不得产生下沉、裂缝、起砂或起鼓等现象。支架的立柱底部应铺设合适的垫板，支承在疏松土质时，基土必须经过夯实，并应通过计算，确定其有效支承面积，并应有可靠的排水措施。

（3）立柱与立柱之间的带锥销横杆，应用锤子敲紧，防止立柱失稳，支撑完毕应设专人检查。

（4）混凝土强度达到规范设计要求方可进行模板拆除作业，一般混凝土浇筑以后，当强度达到 70% 即可拆模，一般 7 天左右，强度可达 70%，28 天后强度可达 100%，见表 4-7。

表 4-7　　　　　　　　　　　拆模时对应混凝土强度要求

构件类型	构件跨度（m）	按达到设计混凝土强度等级值的百分率计（%）
板	≤ 2	≥ 50
	> 2，≤ 8	≥ 75
	> 8	≥ 100
梁、拱、壳	≤ 8	≥ 75
	> 8	≥ 100
悬臂结构		≥ 100

三、混凝土浇筑

监理检查要点：混凝土强度等级、混凝土的配合比单、混凝土振捣、混凝土取样制作。

（1）混凝土浇筑：检查成孔质量合格后应尽快灌注混凝土，灌注时导管底部至孔底的距离宜为 300～500mm，以使隔水栓能顺利排出。第一次浇筑时应有足够的混凝土储备量，控制最后一次灌注量，桩顶标高不得偏低，一般桩顶标高至少要比设计标高高出 0.5m，凿除泛浆后必须保证暴露的桩顶混凝土强度达到设计等级。

（2）现场浇筑基础应采取防止泥土等杂物混入混凝土中的措施。

（3）现场浇筑基础中的地脚螺栓及预埋件应安装牢固。安装前应除去浮锈，螺纹部分应予以保护。

（4）基础浇筑前，应按设计混凝土强度等级和现场浇筑使用的砂、石、水泥等原材料，并应根据《普通混凝土配合比设计规程》（JGJ 55—2011）进行试配确定混凝土配合比。混凝土配合比试验应由具有相应资质的检测机构进行并出具混凝土配合比报告。

（5）商品混凝土应检查该批次混凝土的配合比单，如图 4-16 所示。配合比单应随混凝土车同时送达现场，监理人员应核对配比单中生产企业名称、购货单位、工程名称、浇筑部位、供应数量、强度等级、出厂坍落度、材料名称、每立方米用量、签字及是否盖公章。

预拌混凝土出厂质量证明书（配合比报告）

混凝土生产流水号：　　　　　　　　　　　　　　　　　备案编号：

生产企业名称	_____有限公司	企业资质等级	三级	生产企业监督注册号	RMC119
购货单位名称		合同编号		混凝土标记	A-C20-160(S4)-P6-GB/T 14902
工程名称		供应数量（m³）	16	强度等级	C30P6
浇筑部位	DL62 电力井				
供应起止日期	2019.10.24	出厂坍落度（mm）	196	泵送要求	非泵
配合比代码	BS-C30P6D	其他质量要求			
材料名称	材料明细				kg/m³
水泥	复检报告标号：E537；质保书编号：E537；名称：水泥；品种：普通硅酸盐水泥；级别：42.5；产地：江阴；厂牌：绮星；供应单位：江阴市绮星水泥有限公司				287
水	复检报告标号：/；名称：水；品种：地表水；规格：/；产地：/；厂牌：/；供应单位：/				155
砂	复检报告编号：20180311；质保书编号：20180311；名称：砂；品种：天然砂；规格：中砂；产地：江西；				602
砂2	复检报告编号：20180311；质保书编号：20180311；名称：砂；品种：天然砂；规格：中砂；产地：江西；				200
石1	复检报告编号：20180311；质保书编号：20180311；名称：石；品种：碎石规格；连续粒级（5～31.5）；产地：安徽				852.00
石2	复检报告编号：20180311；质保书编号：20180311；名称：石；品种：碎石规格；连续粒级（5～31.5）；产地：安徽				230.00
掺合料1	复检报告编号：20180311；质保书编号：20180311；名称：粉煤灰；品种：粉煤灰；规格：Ⅰ级；产地：江阴；厂牌：苏龙热电；供应单位：江阴苏龙热电有限公司				40.0
掺合料2	复检报告编号：20180311；质保书编号：KF537；名称：矿粉；品种：矿粉；规格：S95；产地：江阴；厂牌：绮星；供应单位：江阴市绮星水泥有限公司				5.00
外加剂1	复检报告编号：20191011；质保书编号：20191011；名称：外加剂；品种：高效减水剂；规格：缓凝型SJ-2；产地：盐城；厂牌：建大；供应单位：盐城建达新型建材有限公司				
备注	1. 本出厂质量证明书必须使用电脑打印，相关人员签字，单位盖章。 2. 本出厂证明书经无锡市建设工程质量监督站备案登记，可登录网址查检备案登记情况。 3. 本出厂质量证明书由配合比报告及检测报告两部分组成，最迟应在检测项目完成后一周内送达购货单位。 4. 本出厂质量证明书一式二联，供需方各一联。 5. 预拌混凝土质量问题（事故）投诉举报电话：86071013				

负责人：　　　　　　　　填写人：　　　　　　　　单位盖章：
负责人签名： 　　　填写人签名：　　　　签发日期：2019-10-24

图 4-16　混凝土配合比单

（6）混凝土振捣的要求：按规范要求进行振捣。

（7）每班日或不同日浇筑每个基础腿应检查两次及以上坍落度，如图 4-17 所示。

坦落度
读取值

图 4-17 坦落度检测

坦落度检查方法：用一个上口 100mm、下口 200mm、高 300mm 喇叭状的坦落度桶，灌入混凝土分三次填装，每次填装后用捣锤沿桶壁均匀由外向内击 25 下，捣实后，抹平；然后拔起桶，混凝土因自重产生坦落现象，用桶高（300mm）减去坦落后混凝土最高点的高度。

（8）试块应在现场从浇筑中的混凝土取样制作，如图 4-18 所示。

1）成型前，应检查试模尺寸并符合有关规定。试模内表面应涂一薄层矿物油或其他不与混凝土发生反应的脱模剂。

2）取样应在拌制后尽可能短的时间内成型，一般不宜超过 15min。

3）根据混凝土拌和物的稠度确定混凝土成型方法，坦落度不大于 70mm 的混凝土宜用振动振实；大于 70mm 的宜用捣棒人工捣实。检验现浇混凝土或预制构件的混凝土，试件成型方法宜与实际采用的方法相同。

图 4-18 混凝土试块制作

四、地脚螺栓安装

监理检查要点：地脚螺栓规格、材质、数量、螺母规格、地脚螺栓对立柱中心偏移、地脚螺栓露出混凝土面高度。

（1）核对规格和材质、数量是否与设计图纸相对应。

（2）核对螺母规格是否与螺栓型号一致，严禁以大代小。

（3）检查同组地脚螺栓对立柱中心偏移：小于或等于 8mm。

（4）检查地脚螺栓露出混凝土面高度：+10mm，−5mm。

（5）浇筑完成的基础应及时清除地脚螺栓上的残余水泥砂浆，并对基础及地脚螺栓进行保护。

五、杆塔组立

1. 吊装

监理检查要点：水泥杆杆身垂直度、钢管杆杆身镀锌层，如图 4-19 所示。

（1）吊装杆塔应与地脚螺栓垂直对应，方便安装。

（2）吊装过程中确保不对杆身产生损伤。

（3）电杆起立后，应及时调整杆位，使其符合立杆质量的要求，然后进行回填土，水泥杆埋设深度（杆身长度 ×10%+0.7m）。

| (a) | (b) |

图 4-19 杆塔组立

（a）钢管杆组立；（b）水泥杆吊装

2. 螺栓紧固

监理检查要点：地脚螺栓紧固、垫片、螺栓打毛。

（1）应检查钢管杆、铁塔组立完毕后的螺栓是否全部复紧一遍，并及时安装防松或防御装置，对缺陷逐一处理。

（2）对紧固力无严格测定要求的地脚螺栓，紧固的方法一般采用普通扳手或风动、电动扳手及游锤冲击单头扳手等。对紧固力有测定要求的地脚螺栓，一般可采用下列定扭矩法、螺母多拧进角度法、液压法紧固法。

（3）螺栓紧固后，应对螺栓进行打毛处理。

（4）现场监理人员应使用扭力扳手等工具对螺栓紧固是否到位进行检测。

3. 基础回填

监理检查要点：回填土分层厚度、防沉土层设置。

（1）土方回填要事先落实好土源，开挖出来的好土计划用作回填土时，要覆盖防雨。严禁用淤泥、腐殖土、冻土、耕植土和含有有机质大于 8% 的土作为填土。

（2）回填前，检查基坑内的积水是否排净、杂物是否清理干净，严禁基坑有水时回填。

（3）回填基土应均匀密实，压实系数符合设计要求，设计无要求时，压实系数不应小于 0.9。

（4）回填分层厚度：根据《建筑地基基础工程验收规范》（GB 50202—2013）规定，见表 4-8。

表 4-8　　　　　　　　　　　　回填土分层厚度

压实机具	分层厚度（mm）	每层压实遍数
平碾	300	6
振动压路机	350	3
机械打夯机	250	3
人工夯实	200	3

（5）松软土质的基坑，回填全时增加夯实次数或采取加固措施。

（6）回填土后的电杆基坑设置防沉土层。土层上部面积不小于坑口面积。培土高度超出地面 300~500mm，如图 4-20 所示。

回填土土块须打碎，基坑每回填 500mm 夯实一次

图 4-20　基础回填

六、基础护坡

常用的基础护坡型式有草皮护坡、干砌石护坡、浆砌石护坡、水泥砂浆护坡等。

（1）草皮护坡施工在山坡较陡时可能出现草皮滑落的情况，可采用竹片、树枝等将草皮固定。

（2）干砌石护坡施工时，有可能出现不重视施工工艺，质量标准降低，而使护坡使用寿命较短。监理人员在现场砌筑过程中应注意：

1）护坡层与坡底应贴合无空隙，并应有防滑措施。

2）砌筑时应自下而上分行平行铺砌，石块应侧放并错缝搭接，细缝间用碎石嵌实。

3）护坡层的顶面应与天然地面相吻合，且位于同一平面上，以利于排水。

（3）浆砌石护坡的砌筑注意事项要求与干砌石基本相同，施工现场监理检查时应要求：

1）砂浆配合比、流动性满足施工要求。

2）砌筑时砂浆应饱满。

3）碎石填缝时应先铺砂浆后填碎石。

（4）水泥砂浆护坡施工时可能出现的问题是砂浆配合比、护坡厚度不能满足设计要求，施工后养护工作无人过问等。监理人员应注意检查控制。

七、拉线

监理检查要点：拉线与地面的角度、拉线绝缘子距地面的垂直距离，如图4-21所示。

（1）将拉线抱箍安装在距离其作用横担的下沿100mm处。拉线穿越低压线路时，钢绞线与导线之间的距离不能小于200mm。

（2）在拉线断开情况下，拉线绝缘子距地面的垂直距离不小于2.5m。

图4-21 水泥杆拉线

（3）拉线棒露出地面长度应在500～700mm之间，与地面的角度宜为45°，若受地形限制，不应大于 60° 且不应小于 30° 。电杆应向拉线方向预偏，其预偏值不大于一个杆稍直径，紧线后不应向受力侧倾斜。

（4）检查摆线安装完成后是否安装保护套管。

八、导线、金具和绝缘子

1. 导线展放

监理检查要点：导线型号、规格、质量。紧线质量；导线固定。导线压接；导线净空距离；线间距离。

（1）导线展放前。

1）检查导线型号、规格应符合设计要求，如图 4-22 所示。

图 4-22　放线前检查

2）检查导线是否有松股、交叉、折叠、断裂及破损等缺陷。

3）检查导线是否有严重腐蚀现象。钢绞线、镀锌铁线表面镀锌层应良好，无锈蚀。

4）绝缘导线端部应有密封措施。

5）导线同心度应无较大偏差，表面平整圆滑，色泽均匀，无尖角、颗粒，无烧焦痕迹。

6）不得采用拆旧导线进行导线牵引展放，如图 4-23 所示。

图 4-23　放线操作

（2）导线展放施工。

1）牵引过程平稳，导线不拖地，各相导线之间不得交叉。

2）牵引时应派人观察，发现异常情况后及时用对讲机联系。

（3）紧线准备。

1）放线工作结束后，应尽快紧线，紧线应紧靠挂线点。

2）跨越重要设施时应做好防导线跑线措施，如图4-24所示。

图4-24　紧线准备

（4）紧线，如图4-25所示。

1）绝缘子、拉紧线夹进行外观检查，并确认符合要求。

2）检查碗头、球头与弹簧销子之间的间隙。球头不得自碗头中脱出。

3）检查导线展放中是否出现扭、弯等现象。

4）三相导线弛度误差不得超过 −5% 或 +10%，一般档距内弛度相差不宜超过50mm。

图4-25　紧线

（5）导线固定。

1）导线的固定应牢固、可靠。

2）绑线绑扎应符合"前三后四双十字"的工艺标准，绝缘子底部要加装弹簧垫。

3）绝缘导线在绝缘子或线夹上固定应缠绕黏布带，缠绕长度应超过接触部分30mm，缠绕绑线应采用不小于 2.5mm^2 的单股塑铜线，严禁使用裸导线绑扎绝缘导线，绑扎必须采用相同材料的导线进行绑扎，如图 4-26 所示。

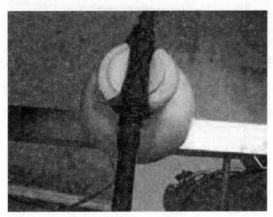

图 4-26　导线固定

（6）导线连接，如图 4-27 所示。

1）绝缘导线接头处应做好防水密封处理。

2）10kV 架空电力线路采用跨径线夹连接引流线时，线夹数量不应少于 2 个。

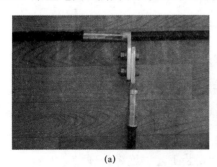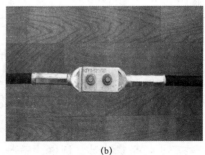

　　　　　（a）　　　　　　　　　　　　　　（b）

图 4-27　导线连接

（a）T 形线夹；（b）跳线线夹

（7）净空距离。

1）3～10kV 线路每相引流线、引下线与邻相的引流线、引下线或导线之间的净空距离应不小于 300mm；3kV 以下电力线路不应小于 150mm。

2）架空线路的导线与拉线，电杆或构架之间安装后的净空距离，3～10kV 时不应小于 200mm；3kV 以下时不应小于 100mm。

3）中压绝缘线路每相过引线、引下线与邻相的过引线、引下线及低压绝缘线之间的净空距离不应小于 200mm，中压绝缘线与拉线、电杆或构架间的净空距离不应小于 200mm。

4）低压绝缘线每相过引线、引下线与邻相的过引线、引下线之间的净空距离不应小于 100mm；低压绝缘线与拉线、电杆或构架间的净空距离不应小于 50mm。

5）裸导线因采用空气绝缘，所以导线间的间距比绝缘导线大，具体要求以设计图纸为准。

6）绝缘导线适用档距不超过 80m，裸导线的适用档距不超过 250m。

7）绝缘导线展放需控制好线间间距（见表 4-9），裸导线因采用空气绝缘，需增加其线间间距，具体以设计图纸为准。

表 4-9 　　　　　　　　　　　　　　线间最小距离

线路电压	档距 L（m）						
	$L \leq 40$ 及以下	$40 < L \leq 50$	$50 < L \leq 60$	$60 < L \leq 70$	$70 < L \leq 80$	$80 < L \leq 90$	$90 < L \leq 100$
1～10kV	0.6（0.4）	0.65（0.5）	0.7	0.75	0.85	0.9	1.0
1kV 以下	0.3（0.3）	0.4（0.4）	0.45	—	—	—	—

注 1. 内为绝缘导线数值。

　　2. 1kV 以下配电线路靠近电杆两侧导线间水平距离不应小于 0.5m。

8）各种杆型不同使用情况的水平档距及垂直档距表参考典型设计。

2. 金具安装

监理检查要点：金具型号、规格、质量、安装工艺、绝缘处理。

（1）外观检查应符合下列要求：表面光洁，无裂纹、毛刺、飞边、砂眼、气泡等。

（2）承力接头的连接和绝缘处理：采用钳压法、液压法施工，在接头处安装辐射交联热收缩管护套或预扩张冷缩绝像套管（统称绝护套）。

（3）绝护套管径一般应为被处理部位接续管的 1.5～2.0 倍，中压绝缘线使用内外两层绝缘护套进行绝缘处理，低压绝缘线使用一层绝缘护套进行绝缘处理。

（4）有导体屏蔽层的绝缘线的承力接头，应在接续管外面先缠绕一层半导体自黏带和绝缘导线的半导体层连接后再进行绝缘处理。每圈半导体自黏带间搭压带宽的 1/2。

（5）将接续管，线芯清洗并涂导电膏。

（6）各种接续管压后压痕应为六角形，接续管不应有肉眼看出的扭曲及弯曲现象，校直后不应出现裂缝，应锉掉飞边、毛刺。

（7）将需要进行绝缘处理的部位清洗干净后进行绝缘处理。

（8）非承力接头的连接和绝缘处理：①非承力接头包括跳线、T 接时的接续线夹（含穿刺型接续线夹）和导线与设备连接的接线端子接头的裸露部分须进行绝缘处理，安装专用绝缘护罩；②绝缘罩不得磨损、划伤，安装位置不得颠倒，有引出线的要一律向下，需紧固的部位应车间严密，两端口需绑扎的必须用绝缘自黏带绑扎两层以上，如图 4–28 所示。

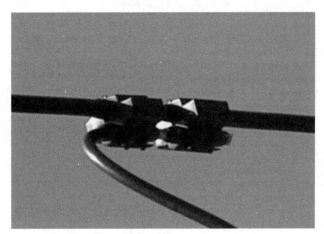

图 4–28　非承力接头的连接和绝缘处理

3. 绝缘子安装

监理检查要点：绝缘子型号、质量；绝缘子安装质量。

（1）外观检查应符合下列要求：瓷绝缘子与铁绝缘子结合紧密；铁绝缘子镀锌良好，螺杆与螺母配合紧密；瓷绝缘子轴光滑，无裂纹、缺釉、斑点、烧痕和气泡等缺陷。

（2）绝缘子安装时应检查碗头、球头与弹簧销子之间的间隙。球头不得自碗头中脱出。

（3）当拉线装设绝缘子时，断拉线情况下绝缘子距地面不应小于 2500mm，如图 4–29 所示。

（4）安装后拉线绝缘子应与上把拉线抱箍保持 3000mm 距离。

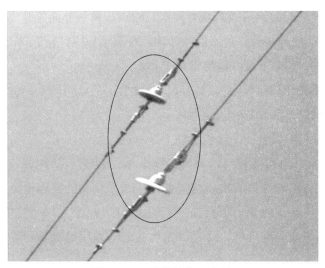

图 4-29 拉线绝缘子安装

九、杆上隔离开关、杆上开关

1. 柱上隔离开关安装

监理检查要点：柱上隔离开关型号、规格、质量及相关检验证明文件；柱上隔离开关安装质量。

（1）施工前现场检查。

1）设备技术性能、参数应符合设计要求，各项电气试验合格（安装使用说明书、产品合格证、产品出厂检验报告、试验报告等）。

2）瓷件（复合套管）外观应良好、干净。

（2）柱上隔离开关安装：

1）支架安装应水平、稳固。

2）柱上隔离开关安装在支架上应固定可靠。

3）接线端子与引线的连接应采用线夹，如有铜铝连接时应有过渡措施。

4）引线连接紧密，引线相间距离不小于 300mm，对杆塔及构件距离不小于 200mm。

5）操动机构应灵活，分合动作应正确可靠。

6）静触头安装在电源侧，动触头安装在负荷侧，如图 4-30 所示。

2. 柱上开关安装

监理检查要点：柱上开关型号、规格、质量及相关检验证明文件。柱上开关安装质量。

（1）施工前现场检查：

1）设备技术性能、参数符合设计要求，各项电气试验及防误装置检验合格（安装使用说明书、产品合格证、产品出厂检验报告、试验报告等）。

图 4-30　柱上隔离开关安装

2）瓷件（复合套管）外观良好、干净，气压指示正常。

（2）柱上开关安装检查：

1）支架安装水平、稳定。

2）柱上开关安装在支架上固定可靠。接线端子与引线的连接采用线夹，如有铜铝连接时有过渡措施。

3）断路器或负荷开关外壳可靠接地，接地电阻值符合规定。

4）柱上开关水平倾斜不大于托架长度的 1/100。引线连接紧密，引线相间距离不小于 300mm，对杆塔及构件距离不小于 200mm。

5）操动机构应灵活，分合动作正确可靠，指示清晰，如图 4-31 所示。

图 4-31　柱上开关安装

十、接地装置

监理检查要点：接地规格、搭接长度、焊接质量、埋设深度和防腐、接地电阻的测量、接地安装控制要点。

（1）检查接地装置的人工接地极，导体截面是否符合热稳定、均压、机械强度及耐腐蚀的要求，水平接地极的截面不应小于连接至该接地装置接地线截面的75%，且钢接地极和接地线的最小规格不应小于下表所列规格，电力线路杆塔的接地极引出线的截面积不应小于 $50mm^2$，见表4-10。

表4-10　　　　　　　　　　　钢接地极和接地线的最小规格

种类、规格及单位		地上	地下
圆钢直径（mm）		8	8/10
扁钢	截面积（mm²）	48	48
	厚度（mm）	4	4
角钢厚度（mm）		2.5	4
钢管管壁厚度（mm）		2.5	3.5/2.5

注　1. 地下部分圆钢的直径，其分子、分母数据分别对应于架空线路和发电厂、变电站的接地网。

　　2. 地下部分钢管的壁厚，其分子、分母数据分别对应于埋于土壤和埋于室内混凝土地坪中。

（2）检查接地体规格、搭接长度、焊接质量、埋设深度和防腐是否符合设计要求。焊接应饱满，不得虚焊、漏焊。

（3）检查接地装置是否按设计图敷设，如受地质地形条件限制时可作局部修改，但不论修改与否均应在施工质量验收记录中绘制接地装置敷设简图并标示相对位置和尺寸。原设计图形为环形者仍应呈环形。

（4）接地装置的连接，如图4-32所示。

1）接地装置连接前，清除连接部位的铁锈及其附着物。

2）接地体的连接采用搭接焊时，符合下列规定：

a. 扁钢的搭接长度为其宽度的2倍，四面施焊；

b. 圆钢的搭接长度为其直径的6倍，双面施焊；

c. 圆钢与扁钢连接时，其搭接长度为圆钢直径的6倍；

d. 扁钢与钢管、扁钢与角钢焊接时，除在其接触部位两侧进行焊接外，并焊以由钢带弯成的弧形（或直角）与钢管（或角钢）焊接；

e. 所有焊接部位均应进行防腐处理。

图 4-32　接地连接

1. 接地装置的敷设

（1）水平接地体顶面埋设深度不小于 0.6m。

（2）垂直接地体的间距不小于 5m。

（3）在与公路、铁路或管道等交叉及其他可能使接地线遭受损伤处，均应用管子或角钢等加以保护。

2. 线路接地环安装

（1）10kV 线路上安装接地挂环时，应选择在耐张杆受电侧的第一基直线杆处安装，检查接地挂环与绝缘子距离是否满足设计要求。

（2）0.4kV 线路上安装接地挂环时，应选择在耐张杆受电侧安装，并绑扎固定在引流线外侧，检查接地环与横担距离是否满足图纸要求。

（3）安装后接地环应垂直向下，使接地环裸露部分与地面保持水平，如图 4-33 所示。

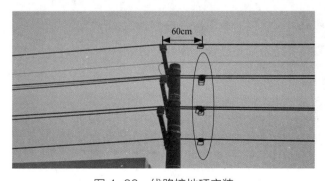

图 4-33　线路接地环安装

（4）接地环使用铜铝并沟线（JBTL-16-120）安装于 10kV 跌落开关下端与避雷器引线之间，安装完成后距跌落开关下端弧形引线保持 300mm 净空距离。铜铝并沟线夹与导线连接点应装设绝缘防护罩。各相验电接地环的安装点距离绝缘导线固定点的距离应一致，如图 4-34 所示。

图 4-34　变压器台架进线端验电接地环安装

3. 柱上开关接地安装

（1）柱上开关外壳应有与接地体连接的部件，接地螺栓不应小于 M12，接地点应标有"接地"字样或其他接地符号。

（2）螺栓、螺母及垫片应采用耐腐蚀材料。

（3）接地电阻应符合设计要求。

4. 接地电阻

杆塔保护接地的接地电阻不大于 30Ω，杆塔上断路器、负荷开关和、避雷器等电气设备的保护接地电阻不大于 10Ω。

5. 接地电阻检测

（1）使用接地电阻测试仪对电阻进行检测。

（2）核对检测结果是否满足设计及规范要求。

十一、屏蔽线安装

线路接地线应统一从顺线路方向中心偏左 5cm 位置引下（内侧），引线应整齐笔直，接地线采用铜铝线鼻压接，与接地扁铁螺栓连接，接地扁铁刷 20cm 相间的黄绿油漆圈。

第四节　工程资料收集

一、资料收集依据

《国家电网公司关于进一步加强农网工程项目档案管理的意见》（国家电网办〔2016〕1039号）。

施工单位报送监理项目部文件及要求（见附录22）。

二、监理资料收集类别

（1）日志。

（2）旁站记录表（安全／质量）。

（3）监理检查记录表。

（4）通知单、联系单。

（5）竣工预验收注意事项。

（6）数码照片。

（7）配电网工程档案归档要求（见附录23）。

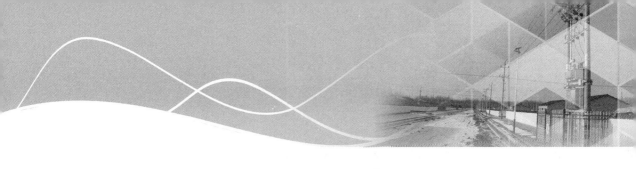

第五章　电缆线路及设备

第一节　工序划分

电缆线路及设备工序划分见表 5-1。

表 5-1　　　　　　　　　　　　　电缆线路及设备工序划分

序号	工序		质量			安全		
			W	H	S	W	H	S
1	工作票检查	签发、许可手续						
		人员核查						
		工作范围						
		安全措施					√	
		工作票交底				√		
	工作票终结	施工区域人员撤离						
		接地线拆除						
2	方案落实情况检查	方案交底				√		
		施工机械、工具						
		作业过程						
3	电缆土建	电缆沟			√			
		电缆排管			√			
		非开挖拉管						
		电缆井			√			
		接地埋设	√					
4	电缆电气	电缆敷设					√	
		电缆头（中间接头）制作			√			
		电缆附件安装						
		电缆预防性试验			√			
		防火封堵						
		接地						

注　W 为见证点；H 为停工待检点；S 为旁站点。

第二节 现场安全管理

一、工作票

（1）工作票应由工作票签发人审核，手工或电子签发后方可执行。工作许可人许可工作后开始应通知工作负责人，通知方式有当面许可、电话许可和派人送达三种。工作票由工作负责人填写，也可由工作票签发人填写。一张工作票中，工作票签发人、工作会签人和工作负责人三者不得为同一人，如图 2-1 所示。第二种工作票不需要履行许可手续。

（2）现场核查施工人员是否与工作票一致，如图 5-1 所示。

电力电缆第二种工作票

单位：南京××电力工程安装有限公司　　　编号：　001

1. 工作负责人（监护人）陈×× 班组　　电缆一组

检查是否与现场施工人员一致

2. 工作班人员（不包括工作负责人）

吴×× 刘×× 王×× 李×× 杨×× 徐×× 郑×× 共7人

图 5-1　工作票现场人员核对

（3）现场核查施工区域是否在工作票工作范围内，严禁超出工作票工作范围施工，如图 5-2 所示。

3. 工作任务

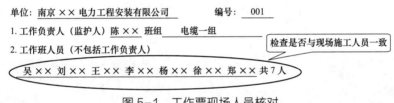

电力电缆双重名称	工作地点或地段	工作内容
110kV 滨河变 10kV 府苑线 143 断路器间隔	110kV 滨河变 10kV 府苑线 143 开关间隔至 10kV 府苑线 01 号塔之间电缆沟	电缆敷设及试验

4. 计划工作时间

自 2019 年 5 月 9 日 8 时 00 分至 2019 年 5 月 9 日 18 时 00 分

图 5-2　工作票工作范围

（4）工作前，工作负责人对工作班成员进行工作任务、安全措施交底和危险点告知，工作班成员应熟悉工作内容、工作流程，掌握安全措施，明确工作中的危险点，并在工作票上履行交底签名确认手续，如图 3-2 所示。

（5）工作票终结。工作结束后，工作负责人应认真清理工作现场，清点核实现场所挂的接地线（数量、编号）以及带到现场的个人保安线数量是否确已全部拆除，并准确填写已拆除的接地线编号、总组数及带到现场的个人保安线数量。工作负责人应确认工作班人员已全部撤离现场，材料工具已清理完毕。工作终结报告应由工作负责人在工作票上签字，报告时间为双方核定的签字时间，如图5-3所示。

11. 工作终结：
11.1 工作班人员已全部撤离现场，材料工具已清理完毕，杆塔、设备上已无遗留物。
11.2 工作终结报告：

终结的线路或设备	报告方式	工作负责人签名	终结报告（或结束）时间
10kV 泰培线 H881 环网电缆井及电缆通道	电话	×××	×年×月×日×时×分
		圈内内容需手签	年　月　日　时　分

图5-3　工作票终结

二、方案落实情况

（1）工作前对现场施工人员进行安全、技术交底及检查现场工具器摆放是否规范，如图5-4所示。

(a)　　　　　　　　　　　　　　　(b)

图5-4　现场安全措施

（a）现场安全、技术交底；（b）现场工器具摆放

（2）施工过程中检查发现无生产许可证、产品合格证、安全鉴定证及生产日期的安全工器具，禁止使用。施工单位在作业前要现场核查施工机械、安全工器具是否满足施工要求。现场使用的安全工器具清单及检查内容，见表5-2。

表 5-2   安全工器具清单及检查内容

安全工器具名称	检查内容	图片示例
安全帽	（1）永久标识和产品说明等标识清晰完整，安全帽的帽壳、帽衬（帽箍、吸汗带、缓冲垫及衬带）、帽箍扣、下颏带等组件完好无缺失。 （2）使用期从产品制造完成之日起计算，塑料帽不得超过两年半。 （3）任何人员进入生产、施工现场应正确佩戴安全帽。安全帽戴好后，应将帽箍扣调整到合适的位置，锁紧下颏带，防止作业中前倾后仰或其他原因造成滑落。安全帽静电报警器置在帽子前沿，作业前必须打开到相应电压等级	
安全带	商标、合格证和检验证等标识清晰完整，各部件完整无缺失、无伤残破损。安全带试验周期 1 年	
安全绳	安全绳应光滑、干燥，无霉变、断股、磨损、灼伤、缺口等缺陷。所有部件应顺滑，无材料或制造缺陷，无尖角或锋利边缘。护套（如有）应完整不破损。安全绳试验周期 1 年	

安全工器具名称	检查内容	图片示例
成套接地线	（1）接地线的两端夹具应保证接地线与导体和接地装置都能接触良好、拆装方便，有足够的机械强度，并在大短路电流通过时不致松脱。 （2）使用前应检查确认完好，禁止使用绞线松股、断股、护套严重破损、夹具断裂松动的接地线。 （3）成套接地线应用有透明护套的多股软铜线和专用线夹组成，接地线截面积应满足装设地点短路电流的要求，且高压接地线的截面积不得小于 $25mm^2$，低压接地线和个人保安线的截面积不得小于 $16mm^2$	
脚扣	金属部分是否变形，脚扣试验周期 1 年	
验电笔	验电笔的各部件，包括手柄、护手环、绝缘元件、限度标记和接触电极、指示器和绝缘杆等均应无明显损伤。声光验电笔使用前需自测，验电笔的规格应符合被操作设备的电压等级。验电笔试验周期半年	
绝缘杆	绝缘杆应清洁、光滑，绝缘部分应无气泡、皱纹、裂纹、划痕、硬伤、绝缘层脱落、严重的机械或电灼伤痕。伸缩型绝缘杆各节配合合理，拉伸后不应自动回缩。绝缘杆（令克棒）试验周期 1 年	

安全工器具名称	检查内容	图片示例
绝缘隔板	应使用试验合格的绝缘隔板，用于10kV电压等级时，绝缘隔板的厚度不得小于3mm。试验周期1年	
绝缘手套	应柔软、接缝少、紧密牢固，长度应超衣袖。使用前应检查无粘连破损，气密性检查不合格者不得使用。试验周期半年	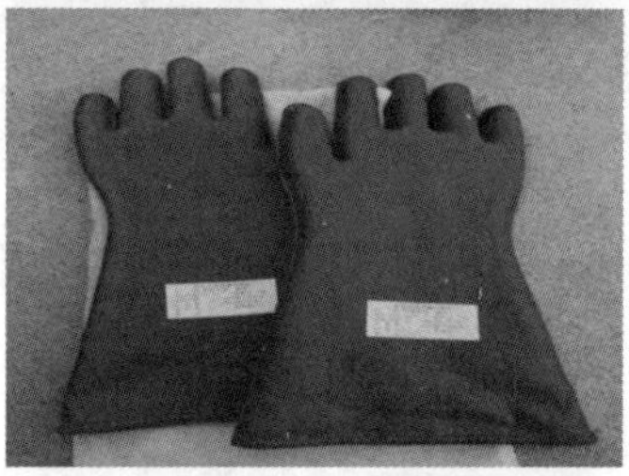
绝缘靴（鞋）	电绝缘靴（鞋）由天然橡胶加工而成，试验周期半年	

（3）开工前检查施工概况牌、现场管理纪律牌、施工告知牌、"十不干"等标示牌，安全工器具、施工材料等要有绝缘垫铺垫，现场配置安全急救箱，自带垃圾桶，做到"工完料净场地清"，如图3-5所示。

（4）验电。

1）验电应由两人进行，其中一人应为监护人。人体与被验电的线路、设备的带电部位应保持足够的安全距离。进行高压验电应戴绝缘手套、穿绝缘鞋。验电器的伸缩式绝缘棒长度应拉足，验电时手应握在手柄处，不得超过护环。

2）对同杆（塔）塔架设的多层电力线路验电，应先验低压、后验高压；先验下层、后验上层；先验近侧、后验远侧。禁止作业人员越过未经验电、接地的线路对上层、远侧线路验电，如图3-7所示。

3）装设接地应由两人进行，其中一人应为监护人。接地线均应使用绝缘棒并戴绝缘手套，人体不得碰触接地线或未接地的导线。装设的接地线应接触良好、连接可靠。装设接地线应先接接地端、后接导体端，如图 3-8 所示。

4）挂设接地时人体与带电设备安全距离，见表 5-3。

表 5-3 　　　　　　　　　　高压线路、设备不停电时的安全距离

电压等级（kV）	10	20、35
安全距离（m）	0.7	1

三、作业工序

1. 电缆土建

（1）基坑开挖。

1）检查现场施工区域安全标志和防护设施，作业人员进入施工现场，安全防护用品佩戴情况。

2）基坑开挖施工范围内不允许停放机械、堆土、堆料，不得有人员进。

3）采取挖土机械开挖基坑时，坑内不得有人作业；必须留人在坑内操作时，挖土机械应停止作业。

4）开挖完成的基坑，没有及时施工，检查基坑周围安全警示标识牌及围好安全警示带设置情况。

5）坑顶两边一定距离，一般为 1.0m 内不应堆放弃土且堆土高度不超过 1.5m。

（2）起重机械。

1）检查操作人员是否持证上岗，吊臂下方、起吊物下方不得有人。

2）检查吊车保护接地装置，不得超负荷起吊物件。

3）起重作业应由专人指挥，分工明确，吊车吊钩应装防脱装置，如图 5-5 所示。

（a） （b）

图 5-5 起重作业要求

（a）持证上岗；（b）防脱装置

（3）挖掘机。

1）检查操作人员是否持证上岗。

2）机械设备进场必须认真检查机械设备的性能是否完好，有检查记录、产品合格证或法定检验检测合格证，不准将带病残缺的机械投放到施工现场。

3）挖掘机作业应由专人指挥，操作半径内不得有人。

4）在作业或行走时，严禁靠近架空输电线路，机械与架空输电线的安全距离应符合有关规定。

（4）电焊机。

1）检查焊机操作人员持证上岗情况。

2）焊机应有牢固接地措施。

3）操作人员作业时应穿防护服、绝缘鞋，戴电焊手套、防护面罩、护目镜等防护用品。

（5）非开挖式钻机。

1）机械操作员、测量工等，需通过培训合格后持证上岗。

2）机械使用前要认真进行检查，经试运转正常后方可使用。

3）检查非开挖钻机施工现场临进用电、架设安装是否规范，在施工现场的专用中性点直接接地的电力线路中，是否采用 TNS 接零保护系统。

2. 电缆敷设

（1）电缆敷设前检查架设电缆轴的地面是否平实。支架是否采用有底平面的专用支架，不得用千斤顶等代替。敷设电缆是否按安全技术措施交底内容执行，设专人指挥。

（2）利用原有通道电缆敷设前应事先检测通道内部是否有有毒气体。

（3）在隧道内敷设电缆时，临时照明的电压不得大于 36V。施工前应将地面进行清理，积水排净。

（4）竖直敷设电缆，必须有预防电缆失控下溜的安全措施。电缆放完后，应立即固定、卡牢。

3. 电缆头制作

（1）刀具使用时，锋利面的方向不得朝向面部、腿部以及身体其他部位，不得触摸刀刃，并保持与周围其他人员的安全间距。

（2）铜鼻子压接机使用时严禁将手指放入刀片与底座之间，铜鼻子压接机使用临时电时应按临电使用交底内容进行。

（3）电缆头制作时，需做好防电缆坠落措施。

4. 电缆预防性试验

（1）试验负责人应由有经验的人员担任，开始实验前，试验负责人应对全体试验人员详细布置试验中的安全注意事项。

（2）试验装置的金属外壳应可靠接地。高压引线应尽量缩短，必要时用绝缘物支持牢固。

（3）直流耐压试验后，电缆线与线之间相当于一个电容器储存高压电，要放电保证人身安全以免电击伤。

（4）路边作业需按照安规规定设置交通警示标志，工作班成员需穿反光衣，交通要道需设专人监护，指挥车辆行人通过。

5. 电缆上杆

高处作业人员应正确使用安全带，宜使用全方位防冲击安全带，安全带及后备防护设施应高挂低用。高处作业过程中，应随时检查安全带绑扎的牢靠情况，如图 5-6 所示。

图 5-6　电缆上杆

第三节　现场施工质量管理

一、电缆沟

监理检查要点：垫层、钢筋、模板、混凝土浇筑及拆模质量控制。

（1）核实电缆沟开挖深度、宽度是否符合图纸设计要求。

（2）钢筋进场时，应按相关标准的规定抽取试件检验，监理进行现场见证取样并送检。

（3）检查电缆沟底板及沟壁钢筋数量、规格是否符合设计图纸要求。检查模板的接缝是否密实，安装是否牢固。

（4）检查混凝土的强度等级、配合比是否符合设计要求，应在混凝土的浇筑地点制作用于检查结构构件混凝土强度的试件，并对混凝土坍落度进行检查。

（5）电缆支架规格、尺寸、跨距应遵循设计及规范要求。金属电缆支架全长按设计要求进行接地焊接，应保证接地良好。所有支架焊接应牢靠，焊接处防腐应符合规范要求。

二、电缆排管

监理检查要点：垫层、排管规格及数量、管材检测、管枕设置、排管包封及遇特殊情况监理处理措施。

（1）土方开挖完成后进行必要的沟底夯实处理及沟底整平，检查是否按图纸要求进行垫层浇筑。

（2）应使用游标卡尺测量聚丙烯（MPP）及涂塑钢管管口内径和壁厚，内壁应光滑，不应有穿孔、裂缝。管口应打磨为喇叭口及去除毛刺。

（3）管应保持平直，管与管之间应有 50mm 的间距，管孔数是否按图纸设计要求预留。排管应使用管枕，使用钢卷尺测量管枕规格是否满足设计图纸要求。

（4）对照设计图纸检查电缆排管混凝土包封，如图 5-7 所示。

(a)　　　　　　　　　　　　　　　(b)

图 5-7　电缆管检查

（a）检查电缆管管枕设置；（b）检查电缆管包封

（5）开挖过程中遇到的突发地下管线监理处理对策。督促施工单位按施工进度计划提前通知各管线部门到现场指出管线位置、走向、深度等情况，开挖中做好各类管线的保护工作，做到各管线部门有专人在场跟踪，施工单位有专人和机械配合开挖。对过路的电力、电信设施施工时注意与产权单位联系保护或拆迁，如影响道路的结构，可以根据管线管理部门的意见，采取现场加固、围护等保护措施，对影响结构的管线应与各设计单位、建设单位和管线管理部门共同协商解决处理方法。对城市规划部门和城市永久性标点和水准点，必须加以保护，不得损坏，如影响施工必须毁坏时，必须取得原设置单位或保管单位的同意。

三、非开挖式拉管

监理检查要点：管材检测、机械摆放及特殊情况监理处理措施。

（1）管材间的连接应采用热熔对接。热熔对接时，管材两端面刨平，用加热板加热，使塑管端面熔化，完成管道连接。

（2）出入土角应根据设备机具的性能、出入土点与被穿越障碍的距离、管线埋设深度等选择，出入土角宜为 8°～15°，并满足电缆进入工井时的弯曲半径，如图 5-8 所示。

（a）　　　　　　　　　　　　　　　　（b）

图 5-8　非开挖式拉管

（a）检查管材熔接；（b）检查入土角度

（3）涉及地下管线现场需有有关部门签发的签报单，并有规划单位及施工单位人员签字确认。

（4）非开挖式定向钻机施工过程中遇到的特殊情况监理处理对策。

1）应勘查沿铺设管线水平方向管线长度两端以外至少各 100m，垂直管线方向两边至少各 300m 范围内的各种地下管线和设施，如：污水管、自来水管、高压电缆、通信电缆、光缆、煤气管线及人防工程等。这些地下管线和设施的资料可根据相关部门的档案和现场的原有标志情况与管线单位共同进行现场确认，并用仪器对其进一步探测验证，必要时需对局部进行开挖验证。将所有地下管线和设施的位置和走向都标注在施工的剖面图和平面图上，且在实地做好标记。

2）设计导向孔时，应避开公用设施，并且要充分考虑钻进导向孔和回拖扩孔施工过程中对原有管线的安全距离和钻杆的最小弯曲半径，确保施工的安全。

四、电缆井

监理工程师检查要点：垫层、钢筋、模板、混凝土浇筑及拆模质量控制。

（1）按照图纸要求核实电缆井开挖深度、尺寸是否符合要求。

（2）钢筋进场时，应按相关标准的规定抽取试件检验，监理工程师进行现场见证取样并送检。

（3）核对电缆井钢筋规格、数量是否符合设计图纸要求，钢筋绑扎是否牢固，检查模板的接缝是否密实，安装是否牢固。

（4）检查混凝土的强度等级、配合比是否符合设计要求，应在混凝土的浇筑地点制作用于检查结构构件混凝土强度的试件并对混凝土坍落度进行检查，监理工程师现场旁站。

（5）混凝土强度达到规范设计要求方可进行拆模作业，一般混凝土浇筑以后，当强度达到70%即可拆除。一般7天左右，强度可达到70%，28天后强度可达100%。基础拆模后应对混凝土结构外观质量进行检查。

五、电缆敷设

1. 电缆沟中敷设电缆监理控制要点

（1）电缆支架规格、尺寸及各层间的距离应遵循施工图及规范要求，其下料误差在5mm以内，切口无卷边、毛刺，焊接牢固，无显著变形。各横撑间的垂直净距与设计偏差不应大于5mm，如图5-9所示。

图5-9 电缆沟内电缆敷设

（2）对所有加工完成的电缆支架进行防腐处理。

（3）各电缆支架水平距离应一致，同层横撑间应在同一水平面上，其高低偏差不应大于5mm。

（4）金属电缆支架全长应有良好的接地。

2. 电缆管道中敷设电缆监理控制要点

（1）电缆型号、电压、规格及长度符合设计规定。

（2）电缆外观应无机械损伤且平滑。

（3）抱箍外观光滑，眼距与支架留设相符。

（4）穿管敷设时，管道内部应无积水，且无杂物堵塞。穿入管中电缆的数量应符合设计要求。

（5）电缆敷设时，电缆应从盘的上端引出，不应使电缆在支架上及地面摩擦拖拉，钢丝网罩与牵引钢缆之间应设防捻器，在转角或受力的地方应增加滑轮组，如图 5-10 所示。

电缆上、下井需设置滑轮

图 5-10　电缆敷设

（6）接收井内摆放一台牵引机，牵引机、输送机同步实施，在进口处专人负责检查电缆摩擦情况，专人负责输送机管理。

3. 电缆弯曲半径

检查转角等是否满足电缆弯曲半径的规范要求及电缆本身的要求，各电缆允许最小弯曲半径应符合规定，见表 5-4。

表 5-4　　　　　　　　　　　　电缆最小弯曲半径值（D 为电缆外径）

电缆型式		多芯	单芯
控制电缆		$10D$	
橡皮绝缘电力电缆	无铅包、钢铠护套	$10D$	
	裸铅包护套	$15D$	
	钢铠护套	$20D$	
聚氯乙烯绝缘电力电缆		$10D$	
交联聚乙烯绝缘电力电缆		$15D$	$20D$

续表

电缆型式			多芯	单芯
油浸纸绝缘电力电缆	铅包		30D	
	铅包	有钢铠	15D	20D
		无钢铠	20D	
自容式充油（铅包）电缆				20D

4. 电缆挂牌

敷设后应及时挂上标牌，电缆标牌上应注明线路名称、起讫点、规格型号、电压等信息。标牌规格和内容应统一，且能防腐防水。

六、电缆附件安装

1. 电缆中间接头制作安装监理控制要点

（1）施工场地清洁、干燥、光线充足。雨、雪、雾天不得进行施工。

（2）剥切电缆护层、铠装层和屏蔽层时不要损伤主绝缘。屏蔽层的端部应平整，没有毛刺。

（3）绝缘表面不得有划伤、凹坑、半导电颗粒。

（4）收缩材料如要切割时，切割面要平整，不应有尖角或裂口。

（5）连续作业时，要防止汗水滴入绝缘材料内。电缆中间接头按工艺要求做好防水防潮的保护。

2. 电缆终端制作安装监理控制要点

（1）电缆终端安装时应避开潮湿天气，且尽可能缩短绝缘暴露的时间。如在安装过程中遇到雨雾等潮湿天气，应及时停止作业，并做好可靠的防潮措施。

（2）检查电缆附件的规格、型号是否满足设计施工要求，同时查看电缆附件外观有无变形、损伤等缺陷。

（3）电缆终端与设备搭接自然，不应有扭劲。搭接后应对电缆采取固定措施，不得使搭接处设备端子和电缆受力，固定点应设在应力锥下和三芯电缆的电缆头下部等部位。

（4）电缆终端完成后需做固定措施，防止电缆自重造成电缆头损坏。

3. 电缆固定监理工作要点

（1）电缆沟内、竖井内的电缆应排列整齐，少交叉。

（2）电缆的固定要采用专用金属夹子夹紧，使用夹子时不能损坏电缆保护层。护层有绝缘要求的电缆，在固定处还需加绝缘衬垫。

（3）垂直敷设或大于45°倾斜敷设的电缆应在每个支架上固定，桥架上应每隔2m固定，如图5-11所示。

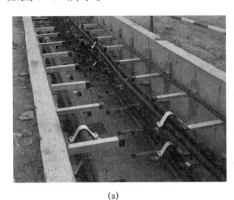
（a）

采用固定线夹
（b）

图5-11 电缆固定

（a）电缆沟内电缆固定；（b）电缆上杆固定

（4）水平敷设的电缆，在电缆首末两端及转弯处及电缆接头的两端处需进行固定。若无设计要求时，电缆支持点间距不能超过规定，见表5-5。

表5-5 电缆支持点间距

电缆种类		敷设方式	
		水平（mm）	垂直（mm）
电力电缆	全塑料	400	1000
	除全塑料的外电缆	800	1500
控制电缆		800	1000

七、电缆交接试验

电缆交接装监理控制要点：主绝缘及外护层绝缘电阻测量、主绝缘交流耐压试验、主绝缘直流耐压试验及泄漏电流测量。

1. 主绝缘及外护套绝缘电阻测量

（1）电缆主绝缘电阻测量应采用2500V及以上电压的绝缘电阻表，外护套绝缘电阻测量宜采用1000V绝缘电阻表。

（2）耐压试验前后，绝缘电阻应无明显变化。电缆外护套绝缘电阻不低于$0.5M\Omega \cdot km$。

2. 主绝缘交流耐压试验

采用频率范围为20～300Hz的交流电压对电缆线路进行耐压试验，电缆额定电压为U，新投运线路或不超过 3 年的非新投运线路试验电压为 2.5*U*，非新投运线路为 2*U*，时间为 5min。额定电压为 0.6/1kV 的电缆线路应用 2500V 绝缘电阻表测量导体对地绝缘电阻代替耐压试验，试验时间应为 1min。

3. 主绝缘直流耐压试验及泄漏电流测量

直流耐压试验电压应符合《电气装置安装工程电气设备交接试验标准》（GB 50150—2016）相关规定。试验时，试验电压可分 4～6 阶段均匀升压，每阶段应停留 1min，并应读取泄漏电流值。试验电压升至规定值后应维 持 15min，期间应读取 1min 和 15 min 时泄漏电流。测量时应消除杂散电流的影响。纸绝缘电缆各相泄漏电流的不平衡系数（最大值与最小值之比）不应大于 2；当 6/10kV 及以上电缆的泄漏电流小于 20μA 和 6kV 及以下电缆世漏电流小于 10μA 时，其不平衡系数可不作规定。

八、防火封堵

1. 电缆沟防火墙

（1）户外电缆沟内的隔断应采用防火墙。电缆通过电缆沟进入保护室、开关室等建筑物时，应采用防火墙进行隔断。

（2）防火墙两侧应采用 10mm 以上厚度的防火隔板封隔，中间应采用无机堵料、防火包或耐火砖堆砌，其厚度一般不小于 250mm。

（3）防火墙应采用热镀锌角钢作支架进行固定。

（4）防火墙内预留的电缆通道应进行临时封堵，其他所有缝隙均应采用有机堵料封堵。

（5）防火墙顶部应加盖防火隔板，底部应留有两个排水孔洞。

（6）对于阻燃电缆在电缆沟每隔 80～100m 设置一个隔断，对于非阻燃电缆，宜每隔 60m 设置一个隔断，一般设置在临近电缆沟交叉处。

（7）防火墙内的电缆周围应采用不得小于 20mm 的有机堵料进行包裹。

（8）防火墙两侧的电缆周围利用有机堵料进行密实的分隔包裹，其两侧厚度大于防火墙表层 20mm。

（9）防火墙上部的电缆盖上应涂刷明显标记。

2. 电缆管道防火封堵

电缆管口应采用有机堵料严密封堵。管径小于 50mm 的堵料嵌入的深度不小于 50mm，露出管口厚度不小于 10mm。随管径的增加，堵料嵌入管子的深度和露出的管口的厚度也相应增加，管口的堵料要做成圆弧形，如图 2-24 所示。

3. 防火包带及防火涂料

（1）施工前应清除电缆表面灰尘、油污，注意不能损伤电缆护套。

（2）防火包带或涂料的安装位置一般在防火墙两端和电力电缆接头两侧的 2～3m 长区段。

（3）防火包带应采用单根绕包的方式。

（4）用于耐火防护的材料产品，应按等效工程使用条件的燃烧试验满足耐火极限不低于 1h 的要求，且耐火温度不宜低于 1000℃。

（5）水平敷设的电缆应沿电缆走向进行均匀涂刷，垂直敷设的电缆宜自上而下涂刷。

（6）电缆防火涂料的涂刷一般为 3 遍（可根据设计相应增加），涂层厚度为干后 1mm 以上。

（7）电缆密集和束缚时，应逐根涂刷，不得漏刷，防火涂料表面光洁、厚度均匀。

（8）防火包带采取半搭盖方式绕包，包带要求紧密地覆盖在电缆上，如图 5-12 所示。

(a)　　　　　　　　　　　　　(b)

图 5-12　电缆防火

（a）防火涂料；（b）防火包

九、接地

监理检查要点：接地极长度及埋设深度、扁钢搭接长度、接地电阻值。

1. 接地埋设

（1）检查接地极、接地扁铁的规格、型号是否符合设计要求。

（2）接地体上端的埋入深度应满足设计图纸要求。当设计无规定时，不应小于 600mm，如图 5-13 所示。

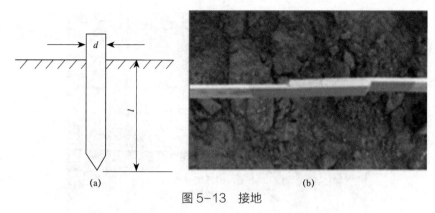

图 5-13　接地

（a）检查接地体埋深；（b）检查接地搭接长度

2. 镀锌角钢接地体搭接焊

（1）接地线弯制时，是否采用机械冷弯，避免热弯损坏镀锌层。

（2）扁钢搭接为其宽度的 2 倍，圆钢搭接为其直径的 6 倍，扁钢与圆钢搭接时长度为圆钢直径的 6 倍。

（3）焊接部位采用防腐处理。

3. 电缆接地

（1）电缆的接地线材质、截面积应符合设计要求。设计无要求时，接地线应采用铜绞线或镀锡铜编织线，其截面积应符合规定见表 5-6。

表 5-6	接地线截面积规定值 (mm²)
电缆截面积 S	接地线截面积
$S \leq 16$	接地线截面积与芯线截面积相同
$16 < S \leq 120$	16
$S \leq 150$	25

（2）电缆终端和接头的金属屏蔽层、铠装层的连接及接地方式，应符合下列规定，如图 5-14 所示：

1）电缆终端头处的电缆铠装、金属屏蔽层应分别引出、相互绝缘，并应接地良好。

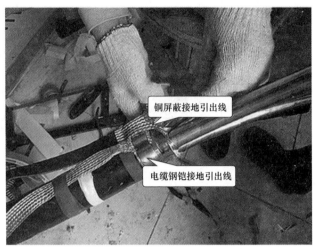

图 5-14　电缆金属屏蔽层、铠装层的连接及接地方式

2）跨接线及接地线的截面积应符合产品技术文件要求，其截面积应符合规定见表 5-6。

4. 接地电阻测试

（1）使用接地电阻测试仪对电缆线路接地装置接地电阻进行测试。

（2）电缆线路接地电阻测试结果不应大于 10Ω。

第四节　工程资料收集

一、资料收集依据

《国家电网公司关于进一步加强农网工程项目档案管理的意见》国家电网办〔2016〕1039 号。

施工单位报送监理项目部文件及要求（见附录 22）。

二、监理资料收集类别

（1）日志。

（2）旁站记录表（安全/质量）。

（3）监理检查记录表。

（4）通知单、联系单。

（5）竣工预验收注意事项。

（6）数码照片。

（7）配电网工程档案归档要求（见附录 23）。

附录

附录1　成立项目部及任职通知

关于成立＿＿＿＿＿＿＿＿监理项目部

及＿＿＿＿＿＿任职的通知

公司各部门：根据工程建设监理工作的需要，经研究决定：

　　成立＿＿＿＿＿＿＿＿＿＿工程监理项目部，任命＿＿＿＿＿＿＿＿＿为总监理工程师，负责履行本工程监理合同，主持项目监理机构工作。并正式启用"＿＿＿＿＿＿＿＿＿＿"印章。

法定代表人：＿＿＿＿＿＿（签字或盖章）

监 理 单 位：＿＿＿＿＿＿＿（盖公章）

日　　　期：＿＿＿＿＿年＿＿月＿＿日

抄送：（建设管理单位）

注：应以文件形式成立，并经法定代表人签字或签章。本模板为推荐格式。

附录 2　监理规划及实施细则

_____工程

监理规划及实施细则

批准　（公司技术负责人）

审核　（公司职能部门）

编制　（总理工程师）

（监理公司名称）

（加盖监理公司公章）

___年___月

目　录

1　工程项目概况

1.1　工程概况

【编写说明】描述工程名称（应与招标文件、设计文件名称相同）、工程地点、工程规模、主要构（建）筑物结构形式、计划投资及工期等信息。

1.2　专业特点

【编写说明】描述本工程较同类工程不同之处，或本专业在工程施工过程中需额外加以关注的重点质量工艺、安全风险。

1.3　工程建设目标

【编写说明】依据《监理合同》及业主项目部《建设管理纲要》，描述工程的质量、进度、安全、环境、文明施工、造价等工程建设目标。

1.4　参建单位

【编写说明】描述工程建设管理单位、监理单位及施工单位的全称。

2　监理工作范围

【编写说明】描述监理阶段性的监理服务范围，主要描述施工阶段的监理服务内容及服务期限。

3　监理工作内容

【编写说明】根据工程实施的各个阶段依据工程监理合同，分类描述包括监理范围内的工程项目管理、安全管理、质量管理、造价管理的主要监理工作内容：

3.1　项目管理监理工作内容

3.2　安全管理监理工作内容

3.3　质量管理监理工作内容

3.4　造价管理监理工作内容

4　监理工作目标

【编写说明】明确监理项目部的安全、质量、进度、造价目标。

5　监理工作依据

6　项目监理机构的组织形式、人员配备计划、岗位职责

7　监理工作程序

【编写说明】主要描述监理项目管理、质量管理、安全管理、造价管理相关的工作流程。

8　监理工作重点

【编写说明】包括质量控制要点、安全监理要点、进度控制要点、造价控制要点。

9 监理工作方法及措施

【编写说明】应具体描述监理项目管理、质量管理、安全管理、造价管理的方法及措施。

10 工程创优控制措施

11 标准工艺应用控制措施

12 强制性条文执行控制措施

13 安全监理工作方案

14 质量通病防治控制措施

15 监理工作设施

附录3 监理策划文件报审表

_____报审表

工程名称：   编号：

| |
致_____（业主项目部）：

我方已完成____的编制，并已履行内部审批手续，请审批。

× 附：

　　相关报审文件

　　　　　　　　　　　　　　　　　　　　监理项目部（章）

　　　　　　　　　　　　　　　　　　　　总监理工程师：

　　　　　　　　　　　　　　　　　　　　日　　期：_____年___月___日

业主项目部审批意见：

　　　　　　　　　　　　　　　　　　　　业主项目部（章）

　　　　　　　　　　　　　　　　　　　　项目经理：

　　　　　　　　　　　　　　　　　　　　日　　期：_____年___月___日

注　本表一式___份，由监理项目部填写，业主项目部存一份、监理项目部存___份。

附录 4　安全 / 质量活动记录

安全 / 质量活动记录

工程名称：　　　　　　　　　　　　　　　　　编号：

活动时间	
活动地点	
主持（交底）人	
内容：	
参加人（签字）	

附录 5 施工图预检记录表

施工图预检记录表

工程名称：   编号：

图纸名称：		
序号	预检记录	设计处理意见

参与人员签名：

日期：_____年___月___日

注 1. 该表格用于施工图会检前汇总施工项目部和监理项目部的预审记录。

   2. 图纸名称填写每一次预审查全部图纸，不需一册一份记录。

   3. 在施工图会检和交底前将该记录提供业主项目部。

   4. 对监理项目部提出的问题应进行跟踪，设计处理的应注明处理方式，不处理的注明答复意见。

附录6 施工图会检纪要

施工图会检纪要

工程名称：　　　　　　　　　　　　　　　　编号：

会议地点		会 议 时 间	
会议主持人			
会检图册：			
本次会议内容：			
会签意见：	会签意见：	会签意见：	会签意见：
业主项目部（章） 业主项目经理：	监理项目部（章） 总监理工程师：	设计单位 （章）设总：	施工项目部（章） 项目经理：

注　会检纪要由监理项目部起草，经业主项目经理签发后执行。

附录7 工程开工报审表

工程开工报审表

工程名称：   编号：SXMX7–SGXX–XXX

致_____监理项目部： 我方承担的_____工程，已完成了开工前的各项准备工作，特申请于____年__月__日开工，请审查。 项目管理实施规划已审批。 施工图会检已进行。 各项施工管理制度和相应的施工方案已制定并审查合格。 施工安全管理及风险控制方案满足要求。 施工安全技术交底已进行。 施工人力和机械已进场，施工组织已落实到位。 物资、材料准备能满足连续施工的需要。 计量器具、仪表经法定单位检验合格。 特殊工种作业人员能满足施工需要。   施工项目部（章）： 项目经理：_____ 日　　期：_____
监理项目部审查意见： 监理项目部（章）： 总监理工程师：_____ 日　　期：_____
业主项目部审查意见： 业主项目部（章）： 项目经理：_____ 日　　期：_____

注　本表一式____份，由施工项目部填报，业主项目部、监理项目部各一份，施工项目部____份。

填写、使用说明：

（1）监理部审查确认后在框内打"√"。

（2）监理项目部审查要点：

1）工程各项开工准备是否充分。

2）相关的报审是否已全部完成。

3）是否具备开工条件。

附录 8 监理人员报审表

监理人员报审表

工程名称：   编号：

致_____（业主项目部）： 现报上本工程监理项目部人员名单及其资格证件，请查验。工程进行中如有调整，将对调整人员进行重新上报。附：监理人员名单及资格证书   监理项目部（章） 总监理工程师： 日　　期：　　　年　月　日
业主项目部审批意见：   业主项目部（章） 业主项目经理： 日　　期：　　　年　月　日

注 本表一式____份，由监理项目部填写，业主项目部存一份、监理项目部存____份。

附录 9 监理工作计划表

监理工作计划表

工作类别	作业地点	电压等级	工程名称	工作内容	现场负责人	停电	开始时间	结束时间	到岗监理人员
配电	邵伯镇	10kV	邵伯	项目对接查勘编制表措	比如：张一 1388888××××	停电	2019/3/4	2019/3/8	王某 1891388××××
配电	邵伯镇	400V	10kV117甘棠线邵伯镇公路村4号综合配电变压器	架线、更换JP箱、进出线电缆	比如：张一 1388889××××	停电	2019/3/4	2019/3/10	王某 1891388××××
配电	邵伯镇	10kV	邵伯镇	项目对接查勘编制表措	比如：张一 1388890××××	停电	2019/3/4	2019/3/8	王某 1891388××××
配电	邵伯镇	400V	10kV甘棠线邵伯公路村4号综合配电变压器	架线、更换JP箱、进出线电缆	比如：张一 1388891××××	停电	2019/3/4	2019/3/10	王某 1891388××××
农电	武坚镇	400V	武坚镇东坚村组3号综合变台片	更换接户线	比如：张一 1388892××××	不停电	2019/3/4	2019/3/4	李某 1891388××××
农电	武坚镇	400V	武坚镇东坚村组3号综合变台片	更换接户线	比如：张一 1388893××××	不停电	2019/3/5	2019/3/5	李某
农电	武坚镇	400V	武坚镇东坚村组3号综合变台片	更换接户线	比如：张一 1388894××××	不停电	2019/3/6	2019/3/6	李某
农电	武坚镇	400V	武坚镇东坚村组3号综合变台片	更换接户线	比如：张一 1388895××××	不停电	2019/3/7	2019/3/7	李某
农电	武坚镇	400V	武坚镇联合村史家组综合变台片	拆除旧导线、旧金具	比如：张一 1388896××××	不停电	2019/3/8	2019/3/8	王某 1891388××××
配电	江都区	10kV	扬州江都区10kV滨北线真武镇曹桥村水产场4号配电变压器台区新建工程	立杆、安装配电变压器	比如：张一 1388897××××	不停电	2019/3/4	2019/3/6	张某 1891388××××

附录 10　会议纪要及会议签到表

会 议 纪 要

工程名称：　　　　　　　　　　　　　　编号：

会议地点		会议时间	
会议主持人			
会议主题			
上次会议问题处理情况			
本次会议内容：			
主送单位			
抄送单位			
发文单位		发文时间	

_____会议签到表

姓名	工作单位	职务／职称	电话

附录 11　监理月报

监 理 月 报

工程名称：＿＿＿＿＿＿＿＿＿＿

＿＿＿＿年＿＿月第＿＿期

总监理工程师：＿＿＿＿

监理项目部（章）

报告日期：＿＿＿＿年＿＿月＿＿日

监 理 月 报

1　工程进展情况

1.1　本月进度情况

1.2　下月进度计划

2　本月监理工作情况

2.1　工程进度控制方面的工作情况

2.2　工程质量控制方面的工作情况

2.3　安全生产管理方面的工作情况

2.4　工程计量与工程款支付方面的工作情况

2.5　合同其他事项的管理工作情况

2.6　上月待协调事项跟踪落实情况

3　工程存在问题及建议

4　下月监理工作重点

4.1　工程进度控制方面工作

4.2　工程质量控制方面工作

4.3　安全生产管理方面工作

4.4　工程造价方面工作

4.5　其他工作

5　本月大事记

附录 12　监理日志

监　理　日　志

工程名称：

本册编号：

填写人：

监理项目部：

起止日期：＿＿年＿月＿日至＿＿年＿月＿日

监 理 日 志

年　月　日	天气：　　　　白天：	气温：最高　　　℃
星期：	夜间：	最低　　　℃
工作内容、遇到问题及其处理		

填写、使用说明：

（1）本表由专业监理工程师填写，填写的主要内容：

1）当天施工内容、部位数量和进度、劳动力、机械使用情况，工程质量、安全情况。

2）监理项目部主要工作、发现问题及处理情况。

3）上级指示执行情况。

4）施工项目部提问及答复。

5）会议、监理人员人数及其他。

（2）在填写本表时，内容必须真实，力求详细。可使用电子版，需要相关人员签字的必须手签，不得打印或使用蓝黑或碳素钢笔填写，字迹工整、文句通顺。

（3）本表式为推荐表式，各监理单位可根据自己的管理体系设计本单位的监理日志表式，但应包括本表式要求的主要内容。

附录 13 文件收发记录表

文件收发记录表

工程名称：   编号：

序号	文件名称及编号	文件来源／类别	接 收	发 放		
序号	文件名称及编号	文件来源／类别	接收人／日期	领取单位	份数	领取人／日期

注 本表由监理项目部填写，监理项目部自存。

附录14 监理检查记录表

监理检查记录表

工程名称：   编号：

施工单位		监理单位	
检查时间		检查地点	
检查类型	□巡视　□平行　□专项		
施工及检查情况简述			
存在问题			
整改要求			
检查人		施工项目部签收人／日期	
整改情况	整改负责人：　　　日　期：		
复查意见	复查人：　　　日　期：		

附录 15　监理通知单

监理通知单

工程名称：　　　　　　　　　　　　编号：

致：	
事由 　　　内容	
	监理项目部（章） 总 / 专业监理工程师： 日　　期：　年 月 日
	接收单位： 接收人： 日　　期：　年 月 日

注　本表一式__份，由监理项目部填写，业主项目部、施工项目部各存一份，监理项目部存__份。

附录 16   工程暂停令

工程暂停令

致____（施工项目部）
由于_____原因，现通知你方必须于____年__月__日__时起，对本工程的____部位（工序）实施暂停施工，并按下述要求做好各项工作：   <div align="right">监理项目部（章） 总监理工程师：_____ 日　　期：____年__月__日</div>
业主项目部意见：   <div align="right">业主项目部（章） 业主项目经理：_____ 日　　期：____年__月__日</div>

注　本表一式__份，由监理单位填写，业主项目部、施工项目部各存一份，监理项目部存__份。

附录17 旁站监理记录表

旁站监理记录表

工程名称：   编号：

日期及天气：	施工单位：
质量旁站监理的部位或工序：	安全旁站作业点：
旁站监理开始时间：	旁站监理结束时间：
质量旁站的关键部位、关键工序施工情况：	
安全旁站的组织管理、平面布置、安全措施现场执行情况：	
发现的问题及处理情况：	
旁站监理人员（签字）： 日期： 年 月 日	

注 1. 本表由监理工作人员填写。监理项目部可根据工程实际情况在策划阶段对"旁站的关键部位、关键工序施工情况、安全旁站作业点"进行细化，可细化成有固定内容的填空或判断填写方式，方便现场操作。但表格整体格式不得变动。

2. 如监理人员发现问题性质严重，应在记录旁站监理表式后，发出监理通知单要求施工项目部进行整改。

3. 本表一式一份，监理项目部留存。

附录18 竣工预验收记录表

竣工预验收记录表

施工单位		监理单位	
检查时间		检查地点	
检查类型	竣工预验收		
施工及检查 情况简述			
存在问题			
整改要求			
检查人		施工项目部签 收人／日期	
整改情况		整改负责人：　　　日　期：	
复查意见		复查人：　　　日　期：	

附录 19　监理工作总结

_____工程

监理工作总结

（监理公司名称）

（加盖监理公司公章）

_____年_____月

批准：（分管领导）　　　年　　　月　　　日

审核：（公司职能部门）　年　　　月　　　日

编写：（总监理工程师）　年　　　月　　　日

目　　录

附录 20　设计变更联系单

设计变更联系单

致：_____（设计单位）

由于_____原因，兹提出_____等设计变更建议，请予以审核。

　　　　　附录：变更方案等相关附录

　　　　　　　　　　　　　　　　　　　　负责人：（签字）_____

　　　　　　　　　　　　　　　　　　　　提出单位：（盖章）_____

　　　　　　　　　　　　　　　　　　　　日　期：___年___月___日

　　　　　　　　　　　　　　　　　　　　发文单位_____

　　　　　　　　　　　　　　　　　　　　负责人（签字）_____

　　　　　　　　　　　　　　　　　　　　日　期：_____年___月___日

附录 21 工程监理费付款报审表

工程监理费付款报审表

工程名称：   编号：

致：_____（业主项目部）
根据_____合同约定，现申请支付_____万元费用，共计_万元，占合同金额的___%。截至本次付款前，我单位累计已收到款项____万元，占合同金额的_____%。请予审核。 　　附录：监理费付款计算表   　　　　　　　　　　　　　　　　　　　　　监理项目部（章） 　　　　　　　　　　　　　　　　　　　　　总监理工程师：_____ 　　　　　　　　　　　　　　　　　　　　　日　期：_____年___月___日
业主项目部审核意见：   　　　　　　　　　　　　　　　　　　　　　业主项目部（章） 　　　　　　　　　　　　　　　　　　　　　项目经理：_____ 　　　　　　　　　　　　　　　　　　　　　日　期：_____年___月___日

注　本表一式__份，由监理项目部填报，业主项目部一份，监理项目部存__份。

附录 22 施工单位报送监理项目部文件及要求

施工单位报送监理项目部文件及要求（包含不限于）

序号	文件名称或类别	报审要求（审核要点）
1	中标通知书、施工合同、安全协议	
2	施工项目部管理人员资格报审表	（1）主要施工管理人员是否与投标文件一致。 （2）人员数量是否满足工程施工管理需要。 （3）应持证上岗的人员所持证件是否有效
3	项目管理实施规划/施工方案报审表	监理项目部应从文件的内容是否完整，施工总进度计划是否满足合同工期，是否能够保证施工的连续性、紧凑性、均衡性。总体施工方案在技术上是否可行，经济上是否合理，施工工艺是否先进，能否满足施工总进度计划要求，安全文明施工、环保措施是否得当。施工现场平面布置是否合理，是否符合工程安全文明施工总体策划，是否与施工总进度计划相适应、是否考虑了施工机具、材料、设备之间在空间和时间上的协调。资源供应计划是否与施工总进度计划和施工方案相一致等方面进行审查，提出监理意见
4	施工进度计划报审表	
5	开工报审表	（1）工程各项开工准备是否充分。 （2）相关的报审是否已全部完成。 （3）是否具备开工条件
6	工程复工申请表	（1）整改措施是否有效。 （2）停工因素是否已全部消除。 （3）是否具备复工条件
7	施工分包备案表	
8	主要施工机械/工器具/安全防护用品（用具）报审表	（1）主要施工机械设备/工器具/安全用具的数量、规格、型号是否满足项目管理实施规划及本阶段工程施工需要。 （2）机械设备定检报告是否合格。 （3）安全用具的试验报告是否合格
9	大中型施工机械进场/出场报审表	（1）拟进场设备是否与投标承诺一致。 （2）是否适合现阶段工程施工需要。 （3）拟进场设备检验、试验报告等是否已经报审合格

序号	文件名称或类别	报审要求（审核要点）
10	主要测量计量器具 / 试验设备检验报审表	
11	试验（检测）单位资质报审表	（1）拟委托的试验单位资质等级是否符合业主项目部的要求，是否通过计量认证。 （2）试验资质范围是否包括拟委托试验的项目。 （3）试验设备计量检定证明。 （4）试验人员资质是否符合要求
12	乙供主要材料及构配件供货商资质报审表	（1）供货商资质证明文件是否齐全。 （2）供货商资质是否符合有关要求
13	乙供主要材料 / 构配件 / 设备进场报审表	（1）质量证明文件一般包括产品出厂合格证、检验、试验报告等。 （2）监理项目部除进行文件审查外，还应对实物质量进行验收。 （3）对于有复试要求的材料或构配件，按有关规定进行取样送试，并在试验合格后报监理项目部查验。 （4）监理项目部审查或验收不合格，应要求施工项目部立即将不合格产品清出工地现场
14	甲供主要设备（材料 / 构配件）开箱申请表	（1）核查材料合格证、质保书，说明书及技术文件。 （2）材料外观有无破损
15	工程材料 / 构配件 / 设备缺陷通知单	
16	特种作业人员报审表	（1）特种作业人员的数量是否满足工程施工需要。 （2）特种作业人员的资格证书是否有效
17	试品 / 试件试验报告报验表	（1）试验结果是否合格或满足设计要求。 （2）试验报告版面质量是否符合归档要求。 （3）试件所代表的施工质量是否合格或是否同意施工
18	工程安全 / 质量事故（事件）报告	
19	调试报告报审表	（1）调试项目是否齐全。 （2）是否按规范或设备使用说明书的要求完成相关的调试。 （3）调试结果是否合格

序号	文件名称或类别	报审要求（审核要点）
20	旁站/隐蔽验收告知单	（1）施工项目部依据监理旁站方案在需要实施旁站监理的关键部位、关键工序施工前24h，将告知单报监理项目部。 （2）同工序多个部位计划同时施工可合并在一张告知单上报。 （3）施工项目部在隐蔽工程隐蔽前48h将告知单报监理项目部
21	监理预验收申请表	
22	图纸预检记录	
23	设计变更（现场签证）执行报验单	监理项目部审查确认设计变更（现场签证）涉及的工程量全部完成，并经监理项目部验收合格后，签署意见
24	工程预付款报审表	
25	工程进度款报审表	
26	设计变更联系单	
27	设计变更审批单	
28	现场签证审批单	

附录 23 配电网工程档案归档要求

配电网工程档案归档要求（移交目录及清单）

序号	归档细目	文件清单	归档目录	移交建设单位数量（份）	移交公司数量（份）	备注
1	合同、协议	合同及技术协议	监理合同	1	1	
2			技术协议	1	1	
3	监理策划	1. 项目部成立文件	监理项目部成立及总监理工程师任命书	1	1	
4			监理项目部人员报审表	1	1	
5		2. 监理工作实施文件	监理规划及监理实施细则	1	1	
6	审查文件	1. 资质审查文件	主要材料及构配件供货商单位资质报审表（含资质报审文件）	1	1	移交公司只需移交报审表
7			分包单位资质报审表（含资质报审文件）	1	1	
8			试验单位资质报审表（含资质报审文件）	1	1	
9		2. 人员资格审查	主要施工管理人员报审表（含人员资质文件）	1	1	移交公司只需移交报审表
10			特殊工种 / 特殊工作人员报审表（含人员资质文件）	1	1	
11		3. 主要施工机械 / 安全工器具审查	主要施工机械 / 安全工器具报审表（含主要施工机械、安全工器具检验合格文件）	1	1	移交公司只需移交报审表
12			主要测量计量仪器仪表 / 试验设备报审表（含主要测量计量仪器仪表、试验设备检验合格文件）	1	1	

序号	归档细目	文件清单	归档目录	移交建设单位数量（份）	移交公司数量（份）	备注
13		4. 其他审查文件	项目管理实施规划报审表（含项目管理实施规划）		1	只需移交报审表，报审附录作为过程控制资料，不移交
14			专项施工方案报审表（含施工方案）		1	
15			工程总进度计划及月度进度计划		1	
16			工程款支付申请表		1	
17			设计变更申请单		1	
18	监理记录	1. 监理工作来往函件	监理工作联系单	1	1	
19			监理通知单、监理通知回复单	1	1	
20		2. 主要原材料控制	工程材料/构配件/设备检查报审表		1	
21			主要设备开箱检查申请表	0	1	
22			见证取样送检记录表	1	1	
23			主要原材料质量证明文件及试验/复试报告		1	
24	监理记录	3. 隐蔽工程验收	隐蔽工程验收记录表		1	
25		4. 监理旁站记录	监理旁站记录表	1	1	
26		5. 平行检验记录	平行检验记录表	1	1	
27		6. 强制性条文检查记录	强制性条文检查记录表	1	1	
28		7. 安全检查记录	安全文明施工检查与评价记录		1	一般过程管控可不移交，涉及重要性安全隐患应留存移交
29			日常安全检查、专项安全检查、季节性安全检查记录		1	

续表

序号	归档细目	文件清单	归档目录	移交建设单位数量（份）	移交公司数量（份）	备注
30		8. 监理日志	监理日志	1	1	
31		9. 监理月报	监理月报	1	1	
32		10. 会议纪要	设计交底与图纸会审纪要	1	1	
33			第一次工地会议纪要	1	1	
34			工程专题会议纪要	1	1	
35			工地例会会议纪要	1	1	
36		11. 开竣工报审	开工报审表、开工报告	1	1	
37			工程暂停令、工程复工报审表	1	1	
38			竣工验收报审表、竣工报告	1	1	
39		12. 验收记录	阶段验收申请表（含三级自检报告）	1	1	
40			监理预验收缺陷清单、整改通知单、整改回复单	1	1	
41			工程监理竣工预验收报告	1	1	
42	监理记录	13. 试验报告	按照实际工程所需预防性试验项目整理归档		1	
43		监理总结	监理工作总结	1	1	
44		质量评估报告	质量评估报告	1	1	
45	综合	照片、视频	按照照片归档范围整理归档	1	1	
46		移交清册		1	1	